艺术设计 ARTDESIGN

国家示范性高等职业院校艺术设计专业精品教材

高职高专艺术学门类『十三五』规划教材

书籍装帧设计（第二版）

SHUJI ZHUANGZHEN SHEJI

主编　于瀛　韩冬

副主编　马应应　程蓉洁　张容容　杨志红

参编　邓亚菲　艾青　万晓梅　李丽丽
　　　龙英　陈炎炎　刘剑波　高倬君
　　　刘利志　汲晓辉

华中科技大学出版社
http://www.hustp.com
中国·武汉

内 容 简 介

　　本书介绍了书籍与出版的相关知识和书籍的发展与影响,书籍的整体设计(书籍的结构与形态,护封、封面设计,书籍版式设计,文字和图像设计,图书的导航设计,书籍的包装设计等),印刷知识和材料的选用与表面装饰工艺,书籍的发展趋势等方面的内容。通过大量的书籍设计案例,直观、深入地介绍了书籍装帧设计知识。通过本书的学习,学生能够了解并掌握书籍整体设计的知识和设计方法,并可以独立进行书籍整体设计。

　　书籍装帧设计/于瀛.韩冬主编. —2 版.—武汉:华中科技大学出版社.2016.4(2023.1 重印)
　　高职高专艺术学门类"十三五"规划教材
　　ISBN 978-7-5680-1210-2

　　Ⅰ.①书…　Ⅱ.①于…　②韩…　Ⅲ.①书籍装帧-设计-高等职业教育-教材　Ⅳ.①TS881

中国版本图书馆 CIP 数据核字(2015)第 205508 号

书籍装帧设计(第二版)　　　　　　　　　　　　　　　　　　于　瀛　韩　冬　主编

策划编辑:彭中军
责任编辑:彭中军
封面设计:龙文装帧
责任校对:曾　婷
责任监印:张正林
出版发行:华中科技大学出版社(中国·武汉)
　　　　　武昌喻家山　　邮编:430074　　电话:(027)81321913
录　　排:龙文装帧
印　　刷:武汉科源印刷设计有限公司
开　　本:880mm×1230mm　1/16
印　　张:8.5
字　　数:267 千字
版　　次:2023 年 1 月第 2 版第 5 次印刷
定　　价:49.00 元

国家示范性高等职业院校艺术设计专业精品教材
高职高专艺术学门类"十三五"规划教材
基于高职高专艺术设计传媒大类课程教学与教材开发的研究成果实践教材

编审委员会名单

国家示范性高等职业院校艺术设计专业精品教材

高职高专艺术学门类"十三五"规划教材

基于高职高专艺术设计传媒大类课程教学与教材开发的研究成果实践教材

组编院校（排名不分先后）

广州番禺职业技术学院	湖南大众传媒职业技术学院	天津轻工职业技术学院
深圳职业技术学院	黄冈职业技术学院	重庆城市管理职业学院
天津职业大学	无锡商业职业技术学院	顺德职业技术学院
广西机电职业技术学院	南宁职业技术学院	武汉职业技术学院
常州轻工职业技术学院	广西建设职业技术学院	黑龙江建筑职业技术学院
邢台职业技术学院	江汉艺术职业学院	乌鲁木齐职业大学
长江职业学院	淄博职业学院	黑龙江省艺术设计协会
上海工艺美术职业学院	温州职业技术学院	冀中职业学院
山东科技职业学院	邯郸职业技术学院	湖南中医药大学
随州职业技术学院	湖南女子学院	广西大学农学院
大连艺术职业学院	广东文艺职业学院	山东理工大学
潍坊职业学院	宁波职业技术学院	湖北工业大学
广州城市职业学院	潮汕职业技术学院	重庆三峡学院美术学院
武汉商学院	四川建筑职业技术学院	湖北经济学院
甘肃林业职业技术学院	海口经济学院	内蒙古农业大学
湖南科技职业学院	威海职业学院	重庆工商大学设计艺术学院
鄂州职业大学	襄阳职业技术学院	石家庄学院
武汉交通职业学院	武汉工业职业技术学院	河北科技大学理工学院
石家庄东方美术职业学院	南通纺织职业技术学院	江南大学
漳州职业技术学院	四川国际标榜职业学院	北京科技大学
广东岭南职业技术学院	陕西服装艺术职业学院	湖北文理学院
石家庄科技工程职业学院	湖北生态工程职业技术学院	南阳理工学院
湖北生物科技职业学院	重庆工商职业学院	广西职业技术学院
重庆航天职业技术学院	重庆工贸职业技术学院	三峡电力职业学院
江苏信息职业技术学院	宁夏职业技术学院	唐山学院
湖南工业职业技术学院	无锡工艺职业技术学院	苏州经贸职业技术学院
无锡南洋职业技术学院	云南经济管理职业学院	唐山工业职业技术学院
武汉软件工程职业学院	内蒙古商贸职业学院	广东纺织职业技术学院
湖南民族职业学院	湖北工业职业技术学院	昆明冶金高等专科学校
湖南环境生物职业技术学院	青岛职业技术学院	江西财经大学
长春职业技术学院	湖北交通职业技术学院	天津财经大学珠江学院
石家庄职业技术学院	绵阳职业技术学院	广东科技贸易职业学院
河北工业职业技术学院	湖北职业技术学院	武汉科技大学城市学院
广东建设职业技术学院	浙江同济科技职业学院	广东轻工职业技术学院
辽宁经济职业技术学院	沈阳市于洪区职业教育中心	辽宁装备制造职业技术学院
武昌理工学院	安徽现代信息工程职业学院	湖北城市建设职业技术学院
武汉城市职业学院	武汉民政职业学院	黑龙江林业职业技术学院
武汉船舶职业技术学院	湖北轻工职业技术学院	四川天一学院
四川长江职业学院	四川传媒学院	

序言（第二版）

ZONGXU

　　世界职业教育发展的经验和我国职业教育发展的历程都表明，职业教育是提高国家核心竞争力的要素。职业教育的这一重要作用，主要体现在两个方面。其一，职业教育承载着满足社会需求的重任，是培养为社会直接创造价值的高素质劳动者和专门人才的教育。职业教育既是经济发展的需要，又是促进就业的需要。其二，职业教育还承载着满足个性发展需求的重任，是促进青少年成才的教育。因此，职业教育既是保证教育公平的需要，又是教育协调发展的需要。

　　这意味着，职业教育不仅有自己的特定目标——满足社会经济发展的人才需求，以及与之相关的就业需求，而且有自己的特殊规律——促进不同智力群体的个性发展，以及与之相关的智力开发。

　　长期以来，由于我们对职业教育作为一种类型教育的规律缺乏深刻的认识，加之学校职业教育又占据绝对主体地位，因此职业教育与经济、与企业联系不紧，导致职业教育的办学未能冲破"供给驱动"的束缚；由于与职业实践结合不紧密，职业教育的教学也未能跳出学科体系的框架，所培养的职业人才，其职业技能的"专"、"深"不够，工作能力不强，与行业、企业的实际需求及我国经济发展的需要相距甚远。实际上，这也不利于个人通过职业这个载体实现自身所应有的职业生涯的发展。

　　因此，要遵循职业教育的规律，强调校企合作、工学结合，"在做中学"，"在学中做"，就必须进行教学改革。职业教育教学应遵循"行动导向"的教学原则，强调"为了行动而学习"、"通过行动来学习"和"行动就是学习"的教育理念，让学生在由实践情境构成的、以过程逻辑为中心的行动体系中获取过程性知识，去解决"怎么做"（经验）和"怎么做更好"（策略）的问题，而不是在由专业学科构成的、以架构逻辑为中心的学科体系中去追求陈述性知识，只解决"是什么"（事实、概念等）和"为什么"（原理、规律等）的问题。由此，作为教学改革核心的课程，就成为职业教育教学改革成功与否的关键。

　　当前，在学习和借鉴国内外职业教育课程改革成功经验的基础上，工作过程导向的课程开发思想已逐渐为职业教育战线所认同。所谓工作过程，是"在企业里为完成一项工作任务并获得工作成果而进行的一个完整的工作程序"，是一个综合的、时刻处于运动状态但结构相对固定的系统。与之相关的工作过程知识，是情境化的职业经验知识与普适化的系统科学知识的交集，它"不是关于单个事务和重复性质工作的知识，而是在企业内部关系中将不同的子工作予以连接的知识"。以工作过程逻辑展开的课程开发，其内容编排以典型职业工作任务及实际的职业工作过程为参照系，按照完整行动所特有的"资讯、决策、计划、实施、检查、评价"结构，实现学科体系的解构与行动体系的重构，实现于变化的、具体的工作过程之中获取不变的思维过程和完整的工作训练，实现实体性技术、规范性技术通过过程性技术的物化。

近年来，教育部在高等职业教育领域组织了我国职业教育史上最大的职业教育师资培训项目——中德职教师资培训项目和国家级骨干师资培训项目。这些骨干教师通过学习、了解，接受先进的教学理念和教学模式，结合中国的国情，开发了更适合中国国情、更具有中国特色的职业教育课程模式。

华中科技大学出版社结合我国正在探索的职业教育课程改革，邀请我国职业教育领域的专家、企业技术专家和企业人力资源专家，特别是国家示范院校、接受过中德职教师资培训或国家级骨干师资培训的高职院校的骨干教师，为支持、推动这一课程开发应用于教学实践，进行了有意义的探索——相关教材的编写。

华中科技大学出版社的这一探索，有两个特点。

第一，课程设置针对专业所对应的职业领域，邀请相关企业的技术骨干、人力资源管理者及行业著名专家和院校骨干教师，通过访谈、问卷和研讨，提出职业工作岗位对技能型人才在技能、知识和素质方面的要求，结合目前中国高职教育的现状，共同分析、讨论课程设置存在的问题，通过科学合理的调整、增删，确定课程门类及其教学内容。

第二，教学模式针对高职教育对象的特点，积极探讨提高教学质量的有效途径，根据工作过程导向课程开发的实践，引入能够激发学习兴趣、贴近职业实践的工作任务，将项目教学作为提高教学质量、培养学生能力的主要教学方法，把适度够用的理论知识按照工作过程来梳理、编排，以促进符合职业教育规律的、新的教学模式的建立。

在此基础上，华中科技大学出版社组织出版了这套规划教材。我始终欣喜地关注着这套教材的规划、组织和编写。华中科技大学出版社敢于探索、积极创新的精神，应该大力提倡。我很乐意将这套教材介绍给读者，衷心希望这套教材能在相关课程的教学中发挥积极作用，并得到读者的青睐。我也相信，这套教材在使用的过程中，通过教学实践的检验和实际问题的解决，不断得到改进、完善和提高。我希望，华中科技大学出版社能继续发扬探索、研究的作风，在建立具有中国特色的高等职业教育的课程体系的改革之中，做出更大的贡献。

是为序。

教育部职业技术教育中心研究所

学术委员会秘书长

《中国职业技术教育》杂志主编

中国职业技术教育学会理事、

教学工作委员会副主任、

职教课程理论与开发研究会主任

姜大源 研究员 教授

2015 年 8 月 8 日

QIANYAN

　　书籍装帧设计是高职高专院校艺术设计专业的重要课程。编者在多年的一线教学中发现，过去大多数院校的学生在学习书籍装帧设计的过程中，最欠缺的是设计观念的转变和设计思维的训练，且没有掌握书籍装帧设计的规律，因此在实际设计中力不从心，难以设计出好的作品。编者结合多年的教学经验来编写本书，希望可以通过一种新的思维和做法让学生掌握书籍装帧设计的知识和具体规律，从而培养学生的思维能力和实践能力。

　　编写本书的目的是为了推动书籍装帧设计教学的实践和改革，在具体课程中力求加强思维训练，加强书籍装帧设计的想象、实践、创造、审美训练，采用基于实践的方式培养学生书籍装帧设计的能力，进而提高设计水平。

　　本书总结了教学经验，优化了课程结构，紧紧抓住教学的特点，系统地组织了书籍装帧设计的具体内容，使具体内容适应时代的需求，使书籍装帧设计教学更科学、更实用、更强调掌握规律和培养能力，从而更好地实施素质教育。

　　本书在编写过程中，得到了相关院校领导和老师的大力支持和帮助，参考了国内外相关的论文、专著及图片，在此对相关人员一并表示感谢！由于编者水平有限，不当之处在所难免，敬请读者批评指正！

编　者

2015 年 10 月

目录 MULU

（第二版）

第一章
书之概要

SHUJI

S

ZHUANGZHEN

Z

SHEJI（DIERBAN）

◀ ◀ ◀ ◀

◀ ◀ ◀ ◀

第一节

图书和书籍设计 《《《

一、图书 ONE

关于图书的定义，古今中外，各不相同。随着人类社会的进步和科学技术的发展，图书定义的内涵和外延也在不断加深和扩大。

由于各方面理解和需要的不同，图书的定义也各有侧重。联合国教科文组织出于在世界范围内进行统计和分类的需要，将图书的定义概括为：凡由出版社或出版商出版的 49 页以上（不包括封面和封底在内）的印刷品，具有特定的书名和作者名，编有国际标准书号，有定价并取得版权保护的出版物。5 页以上、48 页以下的出版物称为小册子。

我国出版界把图书的定义概括为：图书是通过一定的方法与手段将内容以一定的形式和符号（文字、图画、电子文件等），按照一定的体例，系统地记录于一定形态的材料之上，用于表达思想、积累经验、保存与传播知识的工具。

记录有内容的一切载体，都可称为文献。图书是文献的一种类型。

二、书籍设计 TWO

随着图书本身不断地进化与发展，图书不再仅仅是文字的集合及简单的信息传播载体，而是越来越强调信息传递过程中的品质，读者感性层面的喜好程度、信息传递过程的绩效性、表现的独特性等都成为图书优劣的决定要素，而这些环节都需要图书设计师的悉心设计。

鲁迅是我国现代书籍设计艺术的开拓者和倡导者，"天地要阔、插图要精、纸张要好"是他对书籍设计的基本要求。他特别重视对国外和国内传统装帧艺术的研究，还自己动手，设计了几十种书刊封面，如《呐喊》、《引玉集》、《华盖集》等，其中《呐喊》的设计强调红白、红黑的对比，形式简洁，有力地映衬出了作品的内在精神气质。

书籍出版 ≪≪≪

一、出版的定义　　　　　　　　　　　　　　　　　　　　ONE

对出版活动内涵的理解不同，对出版学知识体系构架的认识也就不同。因此，中外出版界都很重视对出版内涵的研究，并形成了不同的认识。

日本学者认为，采用印刷术及其他机械的或化学的方法，对文稿、图画、照片等作品进行复制，将其整理成各种出版物的形态，向大众颁布的一系列行为，统称为出版。

英国学者认为，出版是指向公众提供用抄写、印刷或其他任何方法复制的书籍、地图、版画、照片、歌曲或其他作品。

美国学者认为，出版是指公众可获取的，以印刷物或电子媒介为形式的出版物的准备、印刷、制作的过程。

韩国学者认为，出版是以散布或发售为目的，把文稿、图画、乐谱之类的作品印刷出来，使之问世、刊行的行为。

1971 年出版的《世界版权公约》第 6 条给出版下的定义是：可供阅读或通过视觉可以感知的作品，以有形的形式加以复制，并把复制品向公众传播的行为。

各国学者给出版所下的定义尽管在文字上有所差别，但对出版活动本质特征的描述却十分接近。各国学者都认为出版活动的内涵由以下内容构成。

（1）出版是将已有的作品形成出版物的过程。

（2）原始作品必须经过一个大量复制的过程，使其形成一定的载体形式，成为出版物。

（3）通过一定方式使公众获得这些出版物，也是出版活动不可或缺的重要组成部分。

《编辑实用百科全书》提出了将作品转化为出版物要具备四个条件：第一，经过编辑，具有适于阅读或吸取的内容；第二，具有一定的物质形式；第三，经过复制；第四，向公众发行，如出售、出租等。这可以看成是对出版活动内涵理解的代表性描述。

综合国内外专家对出版活动内涵认识的各种趋同化意见，我们可知出版活动的内涵包括以下几点。

（1）出版是对已有的作品进行深层次开发的社会活动。

（2）出版是对原作品进行编辑加工，使其具有适合读者阅读的出版物内容的过程。

（3）出版是对加工好的已有作品进行大量复制，使其具有能供读者阅读的一定载体形式的过程。

（4）出版包括将出版物公之于众的过程。

通过各种方式将大量复制的原作品广泛向读者传播，也是出版活动的重要内涵。从"出版"这一词汇在西方的演变来看，法语 publier 和英语 publish 均源自拉丁语 publicare，而拉丁语 publicare 的本义却是"公之于众"。可见，在赋予"出版"的众多含义中，"公之于众"的含义有着特殊的地位。

二、出版的功能 TWO

书籍在人类文明进步的过程中，具有不可替代的重要价值。在与人类社会相关的政治、经济、文化，乃至于整个人类社会的各个层面都体现出了重要的功能价值。

1. 政治功能

出版物作为一种重要的传播媒介，能够从五个方面影响受传者：一是可以为受传者提供支持固有立场、观点和行为的有关情况，从而增强受传者的固有观念；二是在争议不大且没有外部因素干扰的问题上，重复传播内容能直接改变受传者的行为；三是只要善于把一种新观点同受传者的原有价值观和需要联系起来，就可以使受传者在不改变原有立场的情况下接受新观点；四是为受传者提供证明他基于某些需要和固有观念而采取行为的正确性的材料，支持受传者业已采取的行动；五是提供与受传者固有观念相联系的新情况，对受传者的思想和注意力起一种引导作用。

2. 文化功能

普遍提到的出版文化功能包括文化选择功能、文化生产功能、文化传播功能和文化积累功能。

(1) 文化选择功能是通过出版活动中的编辑工作环节来体现的。不论是对出版物的选题，还是对某一部作品进行的具体编辑加工，都是一种去劣存优的文化选择过程。

(2) 文化生产功能是由出版物生产的性质所决定的。

(3) 文化传播功能是通过出版活动中的批量生产及出版物的广泛传播过程来实现的。批量生产为出版物的流通创造了条件，而流通则直接使蕴含于出版物中的信息得到广泛的传播。

(4) 文化积累功能是通过出版物为旧文化的保存与新文化的增长创造条件来实现的。在人类文化发展的历史上，出版物的产生、印刷术的发明、出版技术的改进及图书流通的发展，都对旧文化的保存和新文化的增长起了巨大的推动作用。

出版活动通过其文化选择、文化生产、文化传播及文化积累等功能的发挥，对人类文明的进步和社会文化的发展产生了巨大的推动作用。

3. 经济功能

出版活动的经济功能可概括为三个方面：一是产值构成功能，出版活动能向社会提供出版物或出售版权，直接创造产值，构成国民经济总产值的重要部分；二是经济促进功能，出版活动能传播知识，提高劳动者素质，促进社会生产力的发展；三是经济服务功能，出版活动能传递信息，为经济决策与管理提供信息服务。

4. 社会功能

这里所指的社会功能，仅指出版活动对社会环境产生的功能。出版活动的社会交流功能，主要表现为出版物作为一种重要的信息媒介，能在社会成员之间进行广泛的信息交流与沟通。

5. 教育功能

出版活动的教育功能体现在以下几个方面：首先，出版物所具有的教育价值及其对智力发展的影响对于那些没有机会接受良好教育的人来说，起到了等同于学校教育的作用；其次，正规或非正规的学校教育同样需要出版活动的参与，出版活动为学校提供了三大教育支柱之一的教材；再次，出版活动在现代社会的普遍存在，营造了一种新的具有教育意味的环境。

6. 娱乐功能

娱乐是人们不可缺少的一种精神需求。许多人阅读图书的一个重要动机，就是要从图书内容中得到娱乐、消遣和休息。图书可以寓教于乐。生活在广大农村和边远地区的读者，文化生活比较枯燥，在紧张的劳动之余，读读各种图书，可以获得愉悦，消除疲劳。

第三节

书籍的发展史与影响力 ‹‹‹

一、文字的出现　　　　　　　　　　　　　　　　ONE

提及图书，首先要提的应该是文字。图书的起源与文字的发展有着紧密的联系，所以谈及图书先要从文字说起。文字的起源与发展有着漫长的过程。目前，学术界公认的成熟汉字始于商代甲骨文，然而，甲骨文形成之前应当还有较为成熟的文字出现。

1. 双墩文化刻画符号

双墩文化的发现表明，早在 7 000 多年前，淮河中游地区就已显露出早期文明的曙光。

大量的符号基本上都刻画在陶碗的"圈足"内，仅有少数符号刻画在陶碗的腹部或其他器物的不同部位，其中有大量逼真的象形动物符号，以鱼纹、猪纹为多，还有鹿、蚕、鸟、虫的形象。这类刻画符号是一定地域范围内的氏族群落之间表达特定含义的"文字"。双墩文化刻画符号如图 1-3-1 所示。

图 1-3-1　双墩文化刻画符号

2. 楔形文字

苏美尔文明的一个重要特征是文字的发明和使用。考古学家在基什附近的奥海米尔土丘发现了一块约在公元前 3500 年的石板，上面刻有图画符号和线形符号，这是两河流域南部迄今所知的最早文字。两河流域书写的材料是用黏土制成的半干的泥板，笔是用芦苇秆（或骨棒、木棒）做的，削成三角形尖头，用它在半干的泥板上刻画，留下的笔画很自然地成了楔形，因此称之为楔形文字。写好后的泥板晾干或烧干后可长期保存。苏美尔人所创造的楔形文字，被后来的阿卡德人、巴比伦人、亚述人所承袭，并随着商业和文化交流的扩大而传播到整个西亚。苏美尔泥板上的楔形文字和早期的芦管笔如图 1-3-2 所示。

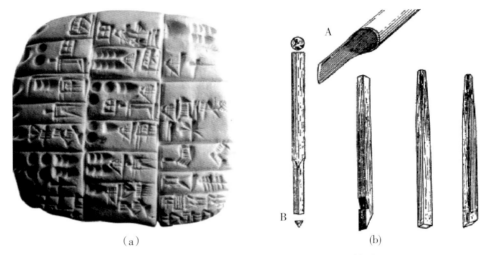

（a）　　　　　　　　　　（b）

图 1-3-2　苏美尔泥板上的楔形文字和早期的芦管笔

　　图 1-3-2（a）中，苏美尔泥板上有一些楔形文字。图 1-3-2（b）中，A 为约公元前 3000 年以前使用的早期形式的芦管笔，B 为约公元前 3000 年以后使用的笔的可能形状。

　　楔形文字传播的地区主要在西亚和西南亚。在巴比伦人和亚述人统治时期，楔形文字有了更大的发展，词汇更加丰富，书法也更加精致、优美。随着文化的传播，两河流域其他民族也采用了这种文字。公元前 1500 年左右，苏美尔人发明的楔形文字已成为当时国家交往通用的文字，连埃及和两河流域各国外交往来的书信或订立条约时也都使用楔形文字。后来，伊朗高原的波斯人由于商业的发展，对美索不达米亚的楔形文字进行了改进，把它逐渐变成了字母文字。

　　3. 古埃及圣书体文字

图 1-3-3　埃及壁画中的圣书体文字

　　另一种广为人知的象形文字，是古埃及的象形文字——圣书体文字。约 5 000 年前，古埃及人发明了一种图形文字，史学界将埃及文字称为象形文字。一般由三种符号构成，图像符号、表音符号、限定符号。这种文字十分精细繁杂，写起来既慢又很难看懂，因此大约在 3 400 年前，古埃及人又创造了一种写得较快并且较易使用的字体。因为其最早由僧侣使用，故被称为僧侣体。再后来，公元 650 年左右，更为简便的书写体开始流行，这就是通俗体。

　　古埃及圣书体在公元 425 年后开始衰亡。古埃及象形文字是现代罗马文字的起源。埃及壁画中的圣书体文字如图 1-3-3 所示。

　　4. 甲骨文

　　甲骨文，是我国商代（约公元前 17 世纪—公元前 11 世纪）的文化产物，距今约 3 600 多年的历史。这些文字因为刻在兽骨或龟甲上，故称甲骨文。甲骨文是以契刀刻画的，故又称"契文"、"契刻"。它已经是一种相对定型并且书写方便、非常成熟的文字了。用它记载的内容有占卜某日某时的吉凶、祭祀（常卜要杀多少人和多少牛、羊、犬等牲畜）、征伐、狩猎和年成好坏，还有天气、出行、生育、孩子、疾病等。甲骨文多数由上而下直行刻写，这种方式仍是现在中文常用的书写格式。此外，因甲骨文出土的地方是河南省安阳市，原来是殷代古都，所以又称为殷墟文字（见图 1-3-4）。

图 1-3-4 殷墟文字

5. 腓尼基字母

大约在公元前 2000 年，腓尼基人（Phoenician）创造了人类历史上第一批字母文字，共 22 个字母（无元音）。它是腓尼基人用以书写腓尼基语的文字。腓尼基语是一种北闪族语言。腓尼基字母被认为是当今所有字母的祖先，起源于古埃及的象形文字——圣书体文字。在西方，它派生出了古希腊字母，后者又发展为拉丁字母和斯拉夫字母。而希腊字母和拉丁字母是所有西方国家字母的基础。在东方，它派生出了阿拉美亚字母，由此又演化出印度、阿拉伯、希伯来、波斯等民族字母。腓尼基字母与希伯来字母和阿拉伯字母一样，都是辅音字母，没有代表元音的字母或符号，字的读音须由上下文推断。

由于字母刻在石头上，所以多数字母都是直线形和方形的，就像古日耳曼字母一样。之后有多一些呈曲线形的文字，形成了罗马时代的北非新迦太基字母。腓尼基语通常由右到左书写，而有些文字使用了左右往复书写法（boustrophedon，又称耕地写法）。腓尼基字母泥板见图 1-3-5 所示。

图 1-3-5 腓尼基字母泥板

6. 玛雅文字

玛雅文字是中美洲玛雅人的古文字。玛雅文字流传于以贝登和提卡尔为中心的小范围地区。5 世纪中叶，玛雅文字普及到整个玛雅地区，当时的商业交易路线已经确立，玛雅文字循着这条路线传播到各地。

玛雅人所使用的 800 个象形文字，已有四分之一左右被文字学家认识。这些文字主要代表一周各天、月份的名称、数字、方位、颜色及神祇等。

玛雅文字符号的外形很像小小的图画，实际上象形作用早已丧失。玛雅文字中有表示整个词义的意符，但是大多数符号是不表示意义、只表示声音的音符。玛雅文字一直应用到 16 世纪，长达 1 500 年，之后由于西班牙人的入侵而遭毁灭。现存的玛雅文有马德里写本、巴黎写本和德累斯顿写本，此外还有不少石柱碑铭和古器物铭文。

写有玛雅文字的石碑和石壁如图 1-3-6 所示。

图 1-3-6　写有玛雅文字的石碑和石壁

二、原始文字载体 TWO

文字必须通过一定的书写载体才能保存下来。在纸出现以前，充当这类载体的不仅有石头，而且有黏土泥板、龟甲、骨头、陶片、蜡版、木板、竹简、棕榈叶、动物毛皮及各种金属等。载体成系统地聚集就形成了图书的雏形。

1. 石头

在石头上刻成的书被认为是经久不衰的。4 000 年前埃及人在庙宇及坟墓墙壁上刻写全部的历史，一直保存至今。即使在今天，人们仍将重要的文字刻于石碑之上。埃及庙宇墙壁上的文字如图 1-3-7 所示。

2. 泥版

公元前 2500 年左右，尼尼微成了美索不达米亚地区的文化中心之一。亚述巴尼拔王统治时（公元前 7 世纪）的图书馆保存有大量楔形文泥版文书，包括宗教铭文、文学作品和科学文献。楔形文泥版文书如图 1-3-8 所示。

图 1-3-7　埃及庙宇墙壁上的文字　　　　　图 1-3-8　楔形文泥版文书

3. 竹木

竹木成为书写材料大约始于我国周代，直至晋代废止，时长达千年以上。竹木被使用后，书籍从此开始具有了一定的形体，并形成一种制度——简册制度。竹木上的文字使用笔蘸墨书写，统称"简书"，成为中国最早的墨迹，中文中图书的量词"册"即由此而来。竹简如图 1-3-9 所示。

4. 绢帛

帛书又称缯书，是我国古代将文字、图像及其他特定的符号写绘于丝织品上的一种书籍形式。以白色丝帛为书写材料，其起源可以追溯到春秋时期，最早完整的 1 件帛书为子弹库楚帛书，现存美国大都会博物馆。墨书楚国文字，共 900 余字，奇诡难懂，附有神怪图形，一般认为是战国时期数学性质的"佚书"，与古代流行的"历忌之书"有关。丝帛是纸还未发明之前重要的书写材料。子弹库楚帛书如图1-3-10所示。

图 1-3-9 竹简

5. 青铜

我国古代青铜器上常铸或刻有文字，这些文字通常称为"铜器铭文"，文字研究家称之为"金文"、"钟鼎文"。它上承甲骨文，下启篆、隶、楷，其字体构造有象形、指示、会意及大量的形声字，而内容更准确地表现了当时的社会、政治、生活。如陕西省西安市临潼区出土的青铜器"利簋"上有大篆字体的铭文4行32字，记载了武王伐商的史实，留下了牧野之战的准确时间；"倗匜"器内和盖上共铸有铭文157字，是我国目前所见到的最早的一篇内容完整的法律判决书；再如"毛公鼎"上有铭文499字，是现存的人类最早、最美的庙堂典章文字；西周"散氏盘"上有铭文357字，是我国发现的最早的外交和约文件。青铜器上铸刻的文字如图1-3-11所示。

图 1-3-10 子弹库楚帛书

6. 蜡版

蜡版是罗马人发明的，一直沿用到法国大革命时期。制作蜡版书要先用木板做成书框，框中填满黑色或黄色的蜡。木框两头有洞，可以将多片蜡版串联起来装订成书。书写工具为铁质的尖笔，笔的另一头是圆的，可以用来抹去写错的字。蜡版如图1-3-12所示。

图 1-3-11 青铜器上铸刻的文字

图 1-3-12 蜡版

三、书籍的衍生　　　　　　　　　　　　　THREE

1. 纸莎草卷轴

纸莎草卷轴是古代使用最广的文字载体，公元前3000年左右在古埃及出现、形成垄断，并很快流行起来，出口到整个地中海地区。由于它难以折叠，不能正反两面都书写，所以最初都采用卷轴的形式，将薄片重叠粘贴、连接起来，卷在木棒上。这些书卷可达10 m多长，每栏25~45行不等。卷轴的出现使阅读变得复杂，读者在展开卷轴一端的同时要卷起另一端，且必须连续阅读，十分不便，但这已经是图书的雏形了。随着折叠纸莎草卷轴手抄本的出现，书籍开始向现代形式演变。

公元前1650年的 Rhind Mathematica 纸草（见图1-3-13）是古埃及数学文件的最重要载体。

2. 德累斯顿抄本

在美洲，目前破译的唯一完整的文字书写系统是玛雅脚本。玛雅人同在中美洲地区的几种其他文明一起，在

amatl 纸上建立了手风琴式的写作风格。可惜的是，几乎所有的玛雅文都在文化和宗教殖民化期间被西班牙人摧毁了。幸存的少数例子之一是德累斯顿抄本（见图1-3-14）。

图1-3-13　Rhind Mathematica 纸草

图1-3-14　德累斯顿抄本

3. 羊皮纸

公元2世纪，帕加马开始局部使用羊皮纸，发展羊皮纸产业，书籍的制作不再依靠埃及供应的纸莎草。羊皮纸的优点：经久耐磨，取放方便，可以正、反两面书写，并可让墨色更加饱满。羊皮纸书相对比较昂贵，出于经济方面的考虑，当某些抄本被认定过时后，会将羊皮纸上的原有文字刮掉，重新利用。羊皮纸书在西方流传开来，到中世纪时成为书写的基本载体。

4. 图书出版与图书馆的出现

古罗马时期，出版书籍的地方就是抄书的手工作坊。在古代欧洲，书籍的传统用途只是朗诵者、演员、歌手作为记忆的辅助手段。到了公元前5世纪，为了满足个人的需求，贵族直接或指派他们的奴隶传抄书籍。后来出现了专业的出版商，他们拥有一批经过专门训练的、有知识的奴隶，可以把古老的名著或创新的作品抄写成书。

奥古斯都统治时期，书籍的出版和销售得到了大规模发展，出版业应运而生。出版业承担了出版和推销作品的任务。在古罗马乃至世界出版史上，阿提库斯（约公元前110—公元前32年）是最杰出的出版商之一。

大量书籍出现后，随之而来的是保管和使用问题。在希腊出现了大型图书馆，亚历山大城的图书馆收藏有70多万卷图书。该图书馆不仅收藏和整理各种图书，还是图书翻印的出版中心。

四、欧洲中世纪时期的图书　　　　FOUR

1. 册子本

公元1世纪左右，希腊人首创了手抄本形式的册子本。书籍从卷轴形式发展成为册子本形式，这是书籍历史上的第一次革命。新的折叠书本呈对折形式，每25张合成1册，用厚重模板制成封面加以保护。此种形式延续了几百年，后来为了便于阅读，在书籍表面涂上蜡，并用铁圈串装成册，与现代的圈装本极为相似。随着册子本的出现，书籍封面也出现了，并成了书籍的重要组成部分。

2. 宗教与书籍

公元6—8世纪，整个欧洲大规模兴建修道院。在印刷业还没有出现的中世纪，图书的增加只能依靠抄写来实现。大型修道院如瑞士的圣高尔修道院，拥有整套的抄本图书生产线，从最初的羊皮纸制作，到最后的书籍装订，都有参与，在一定程度上扮演了出版社的角色。僧侣和修道士成为抄写员，这些抄写员尽管不是亲笔著书的作家，但却身兼书法家、美术装饰家、画家、装帧家的职责，成为优秀的艺术创作者。这个时期产生了精美的手抄本图书。

中世纪初，修道院是重要的文化中心，不同于古代图书馆，很少受到政权更迭的影响，保存着部分高度发达的文化遗产，并为正在酝酿萌发的新文明提供了模式和方向。

3. 大学教育的兴起

中世纪的学校最初大多是由教会创办的，主要培养神职人员和国家公务员。从 12 世纪开始，中世纪最初的一批大学陆续建立。中世纪的大学促使大量传统文化和知识体系得到传播与发展，与大学教育的兴盛紧密相连的是市民阶层大批图书客户的出现。书籍的需求量增加，使图书行业焕发出生机。12 世纪末，大学的兴起促使图书馆的功能发展到知识存储及教育传播上来。

五、印刷术 FIVE

西汉初年，国内政治稳定，人们思想活跃，对文化传播工具的需求旺盛，于是纸作为新的书写材料应运而生。东汉元兴元年蔡伦改进了造纸术。他用树皮、麻头、渔网等材料，经过搓、捣、炒、烘等工艺制造的纸，是现代纸的前身。自从造纸术发明之后，纸张便以新的姿态进入社会文化生活之中，并逐步在中国大地传播开来，以后又传布到世界各地。造纸术是书写材料的一次革命。纸便于携带，取材广泛，从根本上为推动中国、阿拉伯、欧洲乃至整个世界的文化发展奠定了重要基础。西汉麻纸如图 1-3-15 所示。

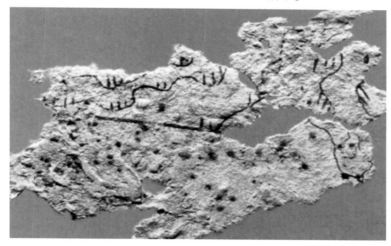

图 1-3-15 西汉麻纸

雕版印刷的发明时间，历来是一个有争议的问题，经过反复论证，大多数专家认为雕版印刷的起源时间在公元 590—640 年之间。现已有唐初的印刷品出土。1900 年，在敦煌千佛洞里发现一本印刷精美的《金刚经》，末尾题有"咸同九年四月十五日"等字样，这是目前世界上最早的有明确日期记载的印刷品。雕版印刷一版能印几百部甚至几千部书，对文化的传播起了很大的促进作用，但是刻版费时费工，大部头的书往往要花费几年的时间，且版片存放又要占用很大的空间，而且常会因变形、虫蛀、腐蚀而损坏。

如图 1-3-16 所示，唐代雕版印刷品《金刚经》是现今保存于世的最早的有明确出版日期的雕版印刷品。

在西欧，第一部木刻书籍约产于 1430 年。木刻书籍数量不多，现今仍然存在的木刻书籍总数不超过 250 部。大多数木刻书籍是一些普通的宗教教理。在欧洲，最老的、以雕刻铜版印刷的书籍可溯源于 1440 年，已知第一本此种书籍是在 1476 年由波氏(Boccaccio)出版的法文翻译本，名为 "De Casibus Virorum Illustrium"（名人故事），是由门逊氏(Colard Mansion)在布鲁吉斯(Bruges，意大利港埠)印刷的。

在中国，公元 1041—1048 年，平民出身的毕昇用胶泥制字，一个字为一个印，用火烧为陶质，进行排版印

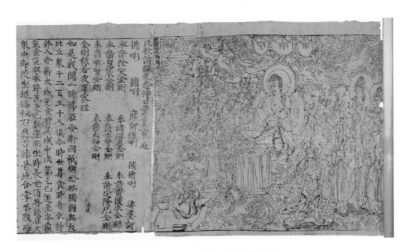

图 1-3-16 《金刚经》局部

刷。活字制版避免了雕版的不足，只要事先准备好足够的单个活字，就可随时拼版，大大地缩短了制版时间。活字版印完后，可以拆版，活字可重复使用，且活字比雕版占用的空间小，容易存储和保管，提高了印刷的效率。但是，他的发明并未受到当时统治者和社会的重视，没有得到推广。但是他发明的活字印刷技术，却流传下来。活字版如图 1-3-17 所示。

在中国发明的雕版印刷和活字印刷的影响下，公元 1445 年，德国人约翰·古登堡制成了铅活字和木制印刷机。当时，中国和朝鲜早已出现了铅活字，但古登堡不仅使用铅、锡、锑来制作活字，而且制作了铸字的模具，因此制作的活字比较精细，使用的工具和操作方法也很先进。他还创造了压力印刷机，并研制了专用于印刷的脂肪性油墨。古登堡由于一系列创造发明，从而成为举世公认的现代印刷术的奠基人，他所创造的一整套印刷方法，一直沿用到 19 世纪。西方各国以此为先导，在文艺复兴和工业革命的推动下，开创了以机械操纵为基本特征的世界印刷史上的新纪元。42 行本《圣经》是西方现存的第一部完整的书籍。42 行本《圣经》第一版的书页如图 1-3-18 所示。

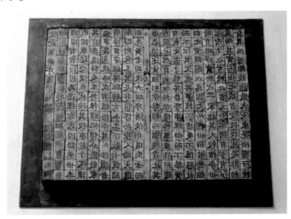

图 1-3-17 活字版

图 1-3-18 42 行本《圣经》第一版的书页

六、书籍的发展 SIX

从古登堡开始，印刷术进入实用阶段，手抄本技术逐渐衰落。世界图书印刷业诞生于中世纪的德国，1463 年传入意大利并臻于成熟。从 1466 年起，印刷书籍开始在巴黎出售。进入市场的书籍必须保证高质量，这就要求构建一张集销售、发货、付款于一体的专业销售网。印刷业转变为一门资金集中的行业，15 世纪以来图书制作成为以投资为中心、组织结构严密的行业。这种模式一直沿用到 19 世纪，并出现了专门的发行商。

　　图书业发展之初就已显示了强大的生命力和多样性，且竞争激烈、不择手段。印刷商在书籍的末页题上署名或是添加补白花饰，使书籍更加美观。约 1480 年，末页的信息开始与书名、作者姓名一起出现在书本的首页。出版者名录和图书目录也几乎同时产生。书籍上除了标出书名外，还注明印刷时间、地点、印刷商姓名和印章，以及一小段由专职作家撰写的广告。

　　随着图书递送业务的展开，图书在贸易渠道上推销的效率逐渐提高，并出现了定期的图书交易会，法兰克福一年一度的大型图书交易会迄今仍在举办。1466 年，以传单或单页印刷品为形式的图书广告问世。印刷业和图书广泛传播对民族语言和文学起着促进、统一和保护的作用。

　　文艺复兴时期，威尼斯是平面设计和印刷设计的中心，这个时期的抄本都广泛采用花卉图案，文字外部全都用这类图案环绕装饰。后来逐步发展为将文本和图像结合起来编辑，使得图版书成为这个时期出版业的特点。

　　16 世纪 20 年代之后，图书面貌和形势发生了很大变化。文本层次形成，标点符号出现，在作品末尾添加作者名、译者名、印刷者及印刷时间和地点，突出书名，版权页诞生，出版商添加商标。版权页和插页成为全书的一部分，书眉上印制书名，页码使用阿拉伯数字。

　　在欧洲印刷技术从雕版印刷向活字印刷发展的过程中，版权保护制度也应运而生。《版权法》的颁布成为英国出版业的一个转折点，它是世界上第一个保护出版性质的法令，不仅是对出版者权利的保护，而且是首次对作者权利的保护。直至 18、19 世纪，美国、法国、德国、意大利等国家相继建立起各自的著作权保护制度。

　　现代意义上的畅销书最早起源于美国，而在 17 世纪出现的所谓畅销书，范围更为广泛，促使了出版者和书商职能角色的分离。文艺复兴后期，初级学校开始出现，以及随着学前教育的推广普及，通用的教科书数量迅速增加。

　　19 世纪，随着一系列技术的进步，出版业开创了新纪元。具备阅读能力的人越来越多，人们渴望获得更加丰富的信息，于是读者群迅速扩大，从学术著作到青少年读物各类书籍迅猛增加。商人们开始出版销售专门针对大众读者的平装书，出版者日益习惯发行装订成册的书籍。1820 年以后，布质书皮开始代替皮革，成本随之降低。此外，交通的发展促使发行量扩大，铁路旅行推销大大促进了书籍的普及。

第二章
书籍的整体设计

SHUJI
ZHUANGZHEN
SHEJI（DIERBAN）

第一节

书籍结构与形态 ◀◀◀

一、书籍的结构 ONE

书籍结构如图 2-1-1 所示。

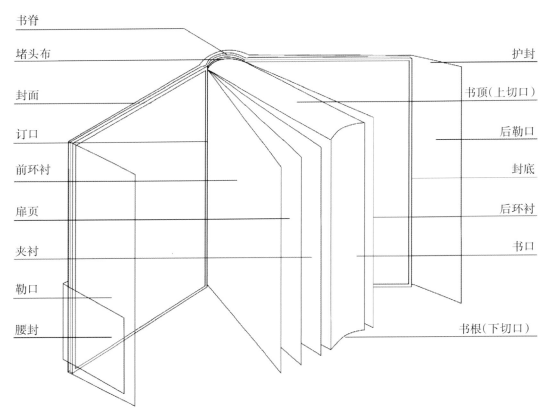

书脊

堵头布

封面

订口

前环衬

扉页

夹衬

勒口

腰封

护封

书顶（上切口）

后勒口

封底

后环衬

书口

书根（下切口）

图 2-1-1 书籍结构

1. 封面

封面（又称封一、前封面、封皮、书面）印有书名、作者及译者姓名和出版社的名称。封面具有表现图书核心主题、美化书刊及保护书籍内页的作用。

2. 封底

在图书封底（又称封四）的右下方印统一书号和定价，期刊在封底印版权页，或者用来印目录及其他非正文部分的文字、图片。

3. 书脊

书脊（又称封脊）是指连接封面和封底的脊部。书脊上一般印有书名、册次(卷、集、册)、作者及译者姓名和出版社名，以便于查找。

4. 勒口

平装书的封面和封底(或精装书的护封)外切口一边多留出 30 mm 以上向里折转的纸张部分称为勒口（又称折口、折页）。如今带有勒口的书籍越来越普遍。在前勒口上常常印上书的内容简介或简短的评论，也可以印上作者的简历和肖像，或者作者的其他著作或这本书的同类书籍。

5. 环衬

环衬（又称连环衬页，或者蝴蝶页）是封面与书芯之间的一张衬纸，通常一半黏在封面的背后，一半是活动的，因其以两页相连环的形式被使用，所以称"环衬"。书前的一张称前环衬，书后的一张称后环衬。目的在于加强封面和内芯的连接。

6. 扉页

扉页（又称里封面或副封面）是指在书籍封面或前环衬之后、正文之前的一页。扉页上一般印有书名、作者或译者姓名、出版社和出版的年月等。扉页也起装饰作用，增强书籍的美观性。

7. 夹衬

衬在封二与扉页之间的空白页称前衬页，衬在正文末页与封三之间的空白页称后衬页。

8. 腰封

腰封（也称书腰纸）是包裹在图书封面中部的一条纸带，属于外部装饰物。它的高度一般相当于图书高度的三分之一，也可更大些；宽度则必须达到不但能包裹封面、书脊和封底，而且两边还各有一个勒口。腰封上可印与该图书相关的宣传、推介性文字及图案。腰封的主要作用是装饰封面或补充封面的表现不足。腰封一般用强度较好的纸张制作。

9. 护封

护封是一张扁方形的印刷品。它的高度与书相等，长度能包裹住封面、书脊和封底，并在两边各有一个 5~10 mm 的向里折进的勒口。护封的纸张应该选用质量较好的、不易撕裂的纸张。

10. 切口

切口指的是书籍除订口之外的三个边，这三个边，相对于毛边来说，是要加工切齐的。上边的切口，称"上切口"，或者称"书顶"。下边的切口，称"下切口"，也称"书根"。与订口相对的另一边切口，也称"书口"。

二、书籍的开本 　　　　　　　　　　　　　TWO

1. 开数与开本

书籍的开本与书籍的结构紧密关联，也直接影响书籍的印制成本。

通常把一张按国家标准分切好的平板原纸称为全开纸。在以不浪费纸张、便于印刷和装订等生产作业的前提下，把全开纸裁切成面积相等的若干小张称之为多少开数；将它们装订成册，则称为多少开本。

对一本书的正文而言，开数与开本的含义相同，但以其封面和插页用纸的开数来说，因其面积不同，则其含义不尽相同。通常将单页出版物的大小，称为开张，如报纸、挂图等分为全张、对开、四开和八开等。

　　由于国外的纸张幅面有几个不同规格，因此虽然它们都被分切成同一开数，但其规格的大小却不相同。尽管装订成书后，它们都统称为多少开本，但书的尺寸却有差异。如目前 16 开本的尺寸有：188 mm × 265 mm、210 mm × 297 mm 等。这是因为前者是用幅面为 787 mm × 1 092 mm 的全张纸裁切的，实际生产中将这种幅面的纸称之为正度纸；而后者是用幅面为 889 mm × 1 194 mm 的全张纸裁切的，这种幅面的纸称之为大度纸。由于 787 mm × 1 092 mm 纸张的开本是我国自行定义的，与国际标准不一致，因此是一种需要逐步淘汰的非标准开本。由于国内造纸设备、纸张及已有纸型等诸多原因，目前这两个标准仍处于共存阶段。

　　大度纸裁切规格尺寸为：大 16 开 210 mm × 297 mm、大 32 开 148 mm × 210 mm 和大 64 开 105 mm × 148 mm；正度纸的裁切规格尺寸为：16 开 188 mm × 265 mm，32 开 130 mm × 184 mm、64 开 92 mm × 126 mm。

　　2. 常用纸张开切

　　印刷纸的长宽尺寸虽然是由国家主管部门规定的，但并非简单的人为规定，而是有其科学依据的：第一要保持常规开法印制出的各种印刷品形状美观，不使印出的书籍呈正方形或窄长条，给人以不协调的感觉；第二要保持采用几何级数开法时，不同开数（如 16 开和 32 开）的书籍形状相似。

　　从争取印刷品形状美观的角度来看，纸张及成书的长宽比使人感觉最合适的比例是所谓的"黄金比"。"黄金比"即长：宽 = 1：0.618。

　　要保持不同开数的书籍形状相似，就要研究纸张的开切（或折叠）方法。纸张一般是按对半裁切的方法裁切。裁切（或折叠）后的长就是裁切前的宽，要想保持裁切后和裁切前形状相似，就必须保持裁切前的长与宽之比。即要求：a：b = b：（a/2），这就是说，要使 32 开书籍的形状与 16 开、64 开书籍的形状保持相似，就必须使纸张尺寸的长与宽之比接近于 1.414：1。

　　国外不少国家都采用这个长宽比。如日本平板纸的幅面为 841 mm × 1189 mm。

　　开本的选择，一般是根据书籍的性质、页码多少、读者层次、使用条件等因素来决定的，没有一定的硬性规定。书籍、期刊的开本，大多数是以 2 的几何级数来裁切的，这样便于在装订时使用机器折叠成册。

　　(1) 未经裁切的纸称为全张纸，将全张纸对折裁切后的幅面称为对开或半开；把对开纸再对折裁切后的幅面称为四开；把四开纸再对折裁切后的幅面称为八开……以此类推。

　　通常纸张除了按 2 的倍数裁切外，还可按实际需要的尺寸裁切。当纸张不按 2 的倍数裁切时，其按各小张横竖方向的开纸法又可分为正切法和叉开法。全张纸裁切方法如图 2-1-2 所示。

　　(2) 正开法是指全张纸按单一方向的开法，即一律竖开或一律横开的方法，如图 2-1-3 所示。

　　(3) 叉开法是指全张纸横竖搭配的开法。叉开法通常用在正开法裁纸有困难的情况，如图 2-1-4 所示。

　　(4) 混合开纸法，又称套开法和不规则开纸法，即将全张纸裁切成两种以上幅面尺寸的小纸，其优点是能充分利用纸张的幅面，尽可能使用纸张。混合开法非常灵活，能根据用户的需要任意搭配，没有固定的格式。混合开纸法如图 2-1-5 所示。

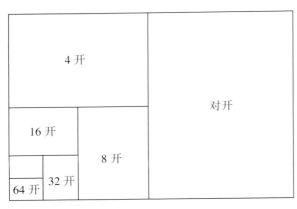

图 2-1-2　全张纸裁切方法

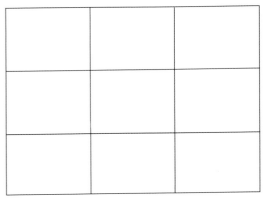

图 2-1-3　纸张的正开法

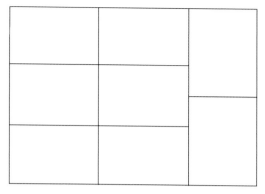

图 2-1-4　纸张的叉开法

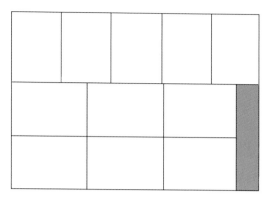

图 2-1-5　混合开纸法

（5）常用纸张开本规格。

一般说来，比较权威的文献资料或社会名流的作品，往往采用 850 mm×1 168 mm 的大规格纸；一般小说和其他普通书籍则大多采用 787 mm×1 092 mm 的标准规格纸。另外还有一种国际上比较通用的规格 880 mm×1 230 mm，我国已正式列入国家标准。常用纸张开本规格见表 2-1-1 所示。

表 2-1-1　常用纸张开本规格

开本	4 种规格纸张各种开本的书籍幅面			
	787×1 092：	850×1 168：	880×1 230：	889×1 194：
全开	781×1 086	844×1 162	874×1 224	883×1 188
2 开	781×543	844×581	874×612	883×594
4 开	390×530	422×581	437×612	441×594
8 开	390×271	422×290	437×306	441×297
16 开	195×271	211×290	218×306	220×297
32 开	135×195	145×211	153×216	148×220
64 开	135×97	105×145	109×153	110×148
80 开	108×97	105×116	109×122	110×118

注：成品尺寸 = 纸张尺寸 – 修边尺寸，单位：mm。

三、书籍的装订形式　　　　　　　　　　THREE

（一）传统型书籍装订

1. 旋风装

旋风装亦称"旋风叶"或"龙鳞装"。唐代中叶已有此种形式。旋风装由卷轴装演变而来，也是由卷轴装向册页装发展的早期过渡形式。它形同卷轴，由一长纸做底，首页全幅裱贴在底上，从第二页右侧无字处用一纸条黏连在底上，其余书页逐页向左黏在上一页的底下。书页鳞次相积，阅读时从右向左逐页翻阅，收藏时从卷首向卷尾卷起。其特点是便于翻阅，利于保护书页。

故宫博物院藏有唐写本《刊谬补缺切韵》五卷，即是采用这种旋风装，如图 2-1-6 所示。

2. 经折装

经折装，又称梵夹装，是图书装订方式之一。它是从卷轴装演变而来的，因卷轴装展开和卷起都很费时，改用经折装后，较为方便。具体做法是：将一幅长卷沿着文字版面的间隔中间，一反一正地折叠起来，形成长方形的一叠，在首末两页上分别粘贴硬纸板或木板。佛教经典多用此式。凡经折装的书本，都称"折本"，如图 2-1-7 所示。

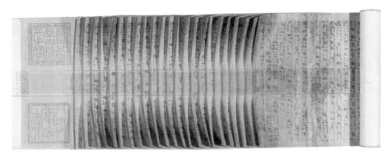

图 2-1-6　旋风装

图 2-1-7　经折装

3. 蝴蝶装

"蝴蝶装"简称"蝶装",又称"黏页",是早期的册页装。蝴蝶装大约出现于唐代后期,出现在经折装之后,由经折装演化而来。雕版印刷的书籍出现以后,特别是进入宋代雕印书籍盛行的时期以后,书籍生产方式发生了变化,引起书籍装帧方法和形式也相应变化。把书页按中缝将印有文字的一面朝里对折起来,再以中缝为准,将全书各页对齐,用糨糊黏附在另一包装纸上,最后裁齐成册。用这种方式装订成册的书籍,翻阅起来如蝴蝶两翼翻飞、飘舞,故名之为蝴蝶装。蝴蝶装如图 2-1-8 所示。

4. 包背装

元代,包背装取代了蝴蝶装。包背装与蝴蝶装的主要区别是对折页的文字面朝外,背向相对。两页版心的折口在书口处,所有折好的书页叠在一起,戳齐折口,在版心内侧余幅位置处用纸捻穿起来。用一张稍大于书页的纸贴书背,从封面包到书脊和封底,然后裁齐余边,这样一册书就装订好了。由于包背装的书口向外,竖放会磨损书口,所以包背装图书更适于平放在书架上。包背装的书籍除了文字页是单面印刷,且又每两页书口处是相连的以外,其他特征均与今天的书籍相似。包背装图书的装订及使用较蝴蝶装方便,但装订的手续仍较复杂,所以不久即被另一种装订形式——线装所取代。包背装如图 2-1-9 所示。

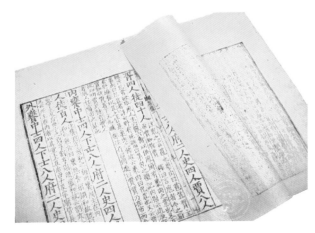

图 2-1-8　蝴蝶装

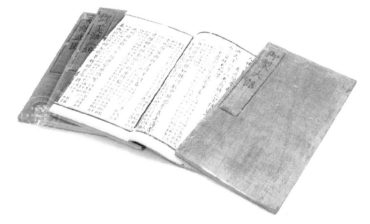

图 2-1-9　包背装

5. 线装

线装是用线将书页连同前后书皮装订在一起的装订形式。这种装订形式产生于明朝中叶,是由包背装转化而来的。将每张书页对折,版心朝外,单边向内,然后将单边部分穿孔,用棉或麻线装订。打四个孔穿线称四针眼钉法,打六个孔穿线称六针眼钉法,而打八个孔穿线称八针眼钉法。线装是由包背装发展而来,它与包背装的主要区别:①改纸捻穿孔订为线订;②改整张包背纸为前后两个单张封皮;③改包背为露背。

线装书出现后，其装订方法一直沿用至今。在工艺方法上后来虽有不同程度的变化，但均未超出线装范围。线装书如图 2-1-10 所示。

图 2-1-10 线装书

（二）现代书籍装订

1. 平装

1）骑马订

骑马订是将印好的书页连同封面，在折页的中间用铁丝订牢的装订方法，适用于页数不多的杂志和小册子，是书籍装订中最简单方便的一种形式。骑马订如图 2-1-11 所示。

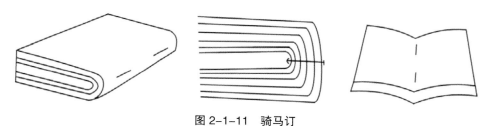

图 2-1-11 骑马订

优点：简便，加工速度快，装订处不占有效版面空间，书页翻开时能摊平。

缺点：书籍牢固度较低，且不能装订页数较多的书，此外书页必须要配对成双数才可行。

2）平订

平订即将印好的书页经折页、配帖成册后，在订口一边用铁丝订牢，再包裹粘贴上封面的装订方法，用于一般书籍的装订。平订如图 2-1-12 所示。

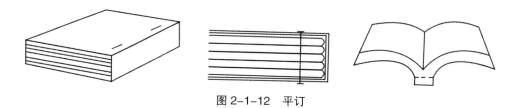

图 2-1-12 平订

优点：方法简单，双数和单数的书页都可以订。

缺点：首先是书页翻开时不能摊平，阅读不方便；其次是订眼要占用 5 mm 左右的有效版面空间，降低了版面利用率。平装不宜用于厚本书籍，而且铁丝时间长了容易生锈折断，影响美观并致书页脱落。

　　3）锁线订

　　锁线订，又称串线订，即按前后顺序将折页、配帖成册后的书芯用线紧密地串起来，然后再包裹粘贴上封面。锁线订如图2-1-13所示。

图2-1-13　锁线订

　　优点：既牢固又易摊平，适用于较厚的书籍或精装书。与平订相比，书的外观无订迹，且书页无论多少都能在翻开时摊平，是理想的装订形式。

　　缺点：成本偏高，且书页也须成双数才能对折订线，书脊上订线较多，导致平整度较差。

　　4）无线胶订

　　无线胶订，又称胶背订，是指不用纤维线或铁丝订合书页，而用胶水黏合书页的订合形式。将经折页、配帖成册的书芯，用不同加工手段将书籍折缝割开或打毛，施胶将书页黏牢，再包裹上封面。无线胶订与传统的包背装非常相似。目前，大量书刊都采用这种装订方式。无线胶订如图2-1-14所示。

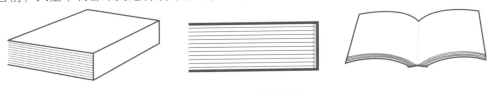

图2-1-14　无线胶订

　　优点：方法简单，书页也能摊平，外观坚挺，翻阅方便，成本较低。

　　缺点：牢固度稍差，时间长了，乳胶会老化引起书页散落。

　　2. 锁线胶背订

　　锁线胶背订，又称锁线胶黏订，装订时将各个书帖先锁线再上胶，上胶时不再铣背。这种装订方法装订的书结实且平整，目前使用这种方法的书籍也比较多。

　　3. 塑料线烫订

　　这是一种比较先进的装订方法，其特点是书芯中的书帖经过两次黏结。第一次黏结是将塑料线订脚与书帖纸张黏合，使书帖中的书页得以固定；第二次黏结是通过无线胶黏订将塑料线烫订的书帖黏结成书芯。这种办法订成的书芯非常牢固，并且由于不用铣背打毛，减少了胶水质量不良对装订质量的影响。在世界其他国家，这种装订技术应用较多。

　　4. 精装

　　精装是书籍出版中比较讲究的一种装订形式。精装书比平装书用料更讲究，装订更结实。精装特别适合于质量要求较高、页数较多、需要反复阅读且具有长时期保存价值的书籍。主要应用于经典、专著、工具书、画册等。其结构与平装书的主要区别是硬质的封面或外层加护封，有的甚至还要加函套。

　　1）精装书的封面

　　精装书的书籍封面可运用不同的材料和印刷制作方法，达到不同的格调和效果。精装书的封面面料很多，除纸张外，还有各种纺织品、丝织品、人造革、皮革、木质和塑料等。

　　硬封面，是把纸张、织物等材料裱糊在硬纸板上制作而成，多适宜于放在桌上阅读的大型和中型开本的书籍。

软封面，是用有韧性的牛皮纸、白板纸或薄纸板代替硬纸板，轻柔的封面使人有舒适感，适宜于便于携带的中型本和袖珍本，例如字典、工具书和文艺书籍等。

2）精装书的书脊

圆脊，是精装常见的形式，其脊面呈月牙状，以略带一点垂直的弧线为好。一般用牛皮纸或白板纸做书脊的里衬，有柔软、饱满和典雅的感觉，尤其薄本书采用圆脊能增加厚度感。圆脊如图 2-1-15 所示。

平脊，是用硬纸板做书籍的里衬，封面也大多为硬封面，整个书籍的形状平整、朴实、挺拔、有现代感，但厚本书（约超过 25 mm）在使用一段时间后书口部分有隆起的现象，有损美观。平脊如图 2-1-16 所示。

图 2-1-15　精装圆脊示例

图 2-1-16　精装平脊示例

5. 其他装订形式

1）活页订

活页订是在书的订口处打孔，再用弹簧金属圈或螺纹圈等穿锁扣的一种订合形式。单页之间不相黏连，适用于需要经常抽出来、补充进去或更换使用的出版物。这种装订形式新颖美观，常用于产品样本、目录、相册等。活页订如图 2-1-17 所示。

优点是可随时打开书籍锁扣，调换书页，阅读内容可随时变换。

常见形式：穿孔结带活页装、螺旋活页装、梳齿活页装等。

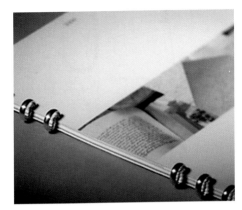

图 2-1-17　活页订示例

2）铜扣精装

铜扣精装分为有书背及没书背两种，使用的铜扣尺寸会因内页厚度相应调整，铜扣精装的装订边须预留 2.5 cm 左右，若未预留，订合一侧会有约 2 cm 的内容被夹住而无法看到，这种形式多应用于菜单、日历、精致的画册等。

铜扣的装订应用方式有多种，可制成有书脊的，也有封面、封底分离，中间打两孔装铜扣，也有铜扣只应用在封底与内页之间，封面看不到铜扣，制作时会依据"内页 + 封面"的厚度决定铜扣使用尺寸。铜扣装订示例如图 2-1-18 所示。

图 2-1-18　铜扣装订示例

（三）现代装订欣赏

现代装订欣赏如图 2-1-19 所示。

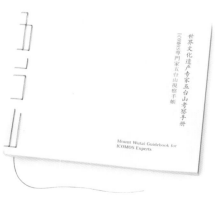

图 2-1-19　现代装订设计欣赏

续图 2-1-19

第二节

封 面 设 计 《《《

　　书籍的封面具有三方面的作用：① 保护书籍内页不受损伤；② 充分表现书籍的主题，传达相关信息；③ 激发兴趣，促进销售。有人言"不要通过封面来判断一本书"，但读者的第一印象往往是决定性的。走进书店，书架上排满了各式各样的书籍，这时，封面是读者最先注意到的部分。读者在短短的几秒钟之内浏览成排的图书，对书籍设计者来说，这几秒钟是至关重要的，它提供了一个将书籍销售给潜在读者的一个机会。在设计封面的时候，要求设计者应该尽可能地呈现作品的主体与风格，又要迎合出版商的营销计划，并在满足前两个条件的前提下，独辟蹊径地寻求独特的创意与表现形式，为读者传递适当的、准确的、具有新鲜感与美感的视觉信息。

一、封面设计的构成要素　　　　　　　　　　　　　　　ONE

　　封面设计并非将单独设计的各个部分简单地进行组合即可大功告成，而要在事前综合考虑如何将封面、书脊、封底，甚至勒口作为一个整体进行设计，且每一部分都有其需要侧重表现的构成元素。虽然所提及的所有元素并不都会出现在同一个封面设计之中，但在设计之初，设计者如果知晓选择哪些元素应出现在封面哪个相应的位置上，必然会是有帮助的。

　　书籍封面的构成如图 2-2-1 所示。

　　1. 封面

　　一般封面上有以下内容：

　　（1）图形图像；

　　（2）书籍名称；

图 2-2-1　书籍封面的构成

（3）封面文字；

（4）作者全名；

（5）出版社名称，标志；

（6）外文译注。

2．书脊

书脊上一般有：

（1）书名；

（2）作者全名；

（3）出版社名称，标志；

（4）外文译注。

关于书脊文字的设计，一些美国出版社是从下到上排列书名，大多数欧洲书籍上的文字都是自上而下排列的，中文字体则可以竖向排列。

3．封底

图书的封底都放有 ISBN 条码。

ISBN 是国际标准图书编号，是 International Standard Book Number 的简称。它是国际通用的图书或独立的出版物（除定期出版的期刊）代码。ISBN 由 13 位数字组成，前 3 位数字代表图书，中间的 9 个数字分为 3 组，分别表示组号、出版社号和书序号，最后一位数字是校验码。我们可以通过国际标准书号清晰地辨认出版某图书的出版社。一个国际标准书号只有一个或一份相应的出版物与之对应。重印的版本如果在原来旧版的基础上没有内容上太大的变动，在再出版时不会得到新的国际标准书号。ISBN 条码如图 2-2-2 所示。

图 2-2-2　ISBN 条码

国际标准书号的使用范围包括印刷品、缩微制品、教育电视或电影、混合媒体出版物、微机软件、地图集和地图、盲文出版物、电子出版物等。

通常封底上还有以下内容：

（1）图书定价；

（2）内容简介或图书描述；

（3）评论；

（4）作者简介；

（5）已出版作品目录或系列作品目录。

4．勒口

勒口上通常有以下内容：

（1）图书描述；

（2）评论；

（3）作者简介；

（4）已出版作品目录或系列作品目录。

勒口设计示例如图 2-2-3 所示。

5．书籍封面设计欣赏

系列图书的书脊设计如图 2-2-4 所示，封面以文字为主的书脊设计如图 2-2-5 所示，精装书的书脊设计如图 2-2-6 所示，书籍封面设计欣赏如图 2-2-7 所示。

图 2-2-3　勒口设计示例

图 2-2-4　系列图书的书脊设计

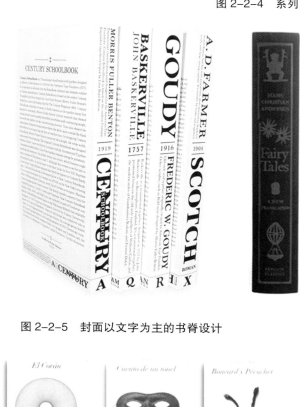

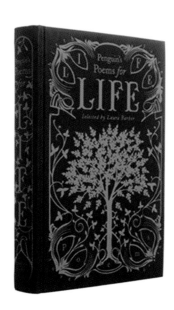

图 2-2-5　封面以文字为主的书脊设计　　　　　　图 2-2-6　精装书的书脊设计

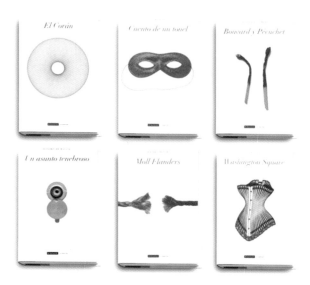

图 2-2-7　书籍封面设计欣赏

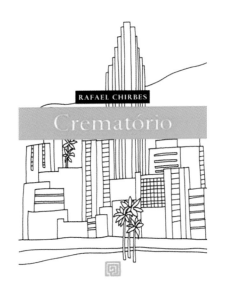

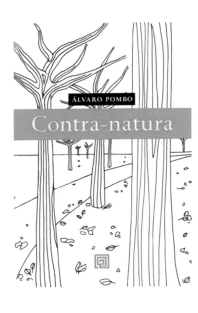

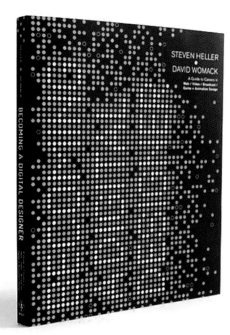

续图 2-2-7

续图 2-2-7

二、封面的表现形式　　　　　　　　　　　　　TWO

1. 写实的表现形式

用书中所描写的具体人物形象、情节、场景等作为素材，直观展现书籍内容，属于直接表现。写实的表现形式如图 2-2-8 所示。

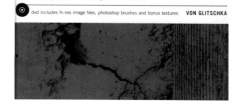

图 2-2-8　写实的表现形式

2. 象征的表现形式

象征的表现形式是基于抽象思维的表现形式，运用联想、比喻、象征、抽象等方法间接地体现书籍的内容。象征的巧妙运用，使封面设计更加耐人寻味，能引发读者思考。象征的表现形式如图 2-2-9 所示。

图 2-2-9　象征的表现形式

3. 装饰的表现形式

使用与书籍内容精神相协调的线条、几何图形、装饰图案、符号及色块来设计封面，称之为装饰的表现形式。这种表现手法适用于不宜用具体形象表达书籍内容的封面设计。装饰的表现形式如图 2-2-10 所示。

以上三种不同的表现形式各有其特点，要依据书籍的不同类型、内容、风格进行综合分析判断后，作出适当的选择，特定情况下也可交叉综合使用。

  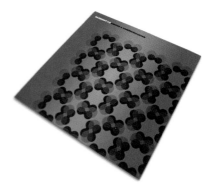

图 2-2-10　装饰的表现形式

三、封面设计要素　THREE

1. 文字

文字是书籍封面必不可少的设计要素。一本书总要有书名、作者名和出版社名，其中书名是封面文字部分最需要强调的部分。书名可以直接选用适合的印刷体，也可按设计要求书写。这种书写的书名，一般称书题字，有助于塑造独特的个性特征。书名不仅在字面意义上帮助读者理解书籍的主题及内容，同时由其字体本身的特点，也可加强书籍内容的体现和表达。以文字为主的封面设计如图 2-2-11 所示。

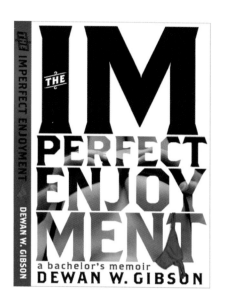

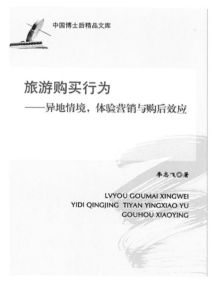

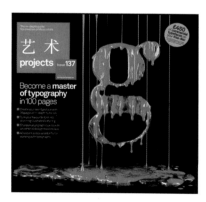

图 2-2-11　以文字为主的封面设计

　　有的封面设计，没有任何具体图形图像，只有文字。通过对文字的字体、大小、布局、疏密、色彩等要素的调节，合理编排，也能产生印象深刻、极富有吸引力的封面设计。

　　2．图形图像

　　书籍封面设计大部分是采用图形图像与文字的组合，通常图形图像占据了相当大的比重，图形图像作为封面设计的素材，可使用的范围非常广泛。如前面所述，封面素材的表现形式可以是写实的照片、风格各异的插图、抽象的线条、符号等。这些都是封面设计的常用形式。

　　图形图像表现的书籍封面设计如图 2-2-12 所示。

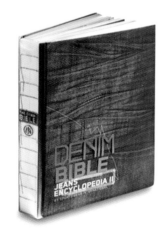

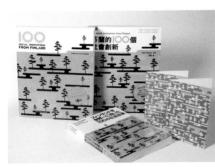

图 2-2-12　图形图像表现的书籍封面设计

3. 色彩

　　色彩在封面设计中占有非常重要的地位。色彩往往在更远的距离就发挥作用，独特的色彩设计令图书从众多的图书中凸显出来，读者往往首先被色彩所吸引，而后再阅读文字和形象。封面的色彩设计也要考虑与书籍所述内容的协调。依据所描写的情节，或者采用强烈的对比色营造冲击的效果，或者采用调和的色彩搭配获得情感的交融。

　　书籍封面的色彩如图 2-2-13 所示。

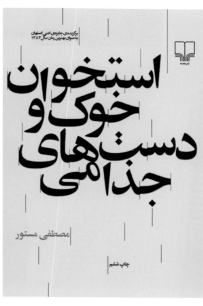

图 2-2-13　书籍封面的色彩

4. 版式

版式设计是把构思中选择的各个要素的形象在画面上组织起来。版式的形式多种多样：垂直的、水平的、倾斜的、曲线的、交叉的、向心的、放射的、三角的、叠合的、边线的、散点的，等等。这些形式为构图的整个格局提供了构成的骨架，继而考虑文字、图形图像等要素在骨架上的具体安排。适当应用对比变化，可以使版面产生丰富的节奏感，使各要素之间主次分明。当然这是需要建立在全盘"统一变化"的关联基础之上。

封面版式如图 2-2-14 所示。

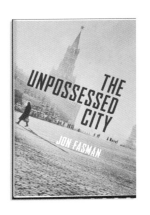

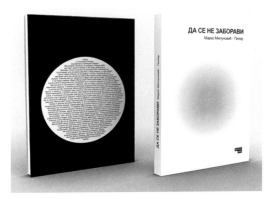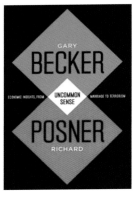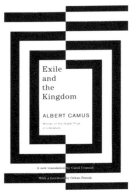

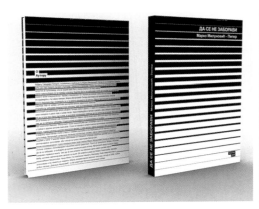

图 2-2-14 封面版式

  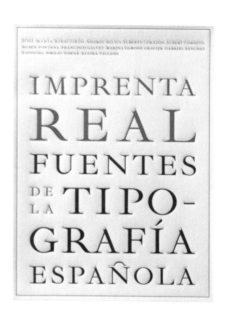

续图 2-2-14

四、护封各部分设计内容 FOUR

护封设计并不是将单独设计的各部分简单地进行组合，而要考虑如何将封面、书脊、封底甚至勒口作为一个整体进行设计，而每一部分都有其侧重表现的构成元素。

护封的构成元素有以下一些。虽然这些元素并不一定都会在护封中出现，但在设计之初，设计者应该知晓哪些构成元素应出现在护封上。通常所有构成元素不会全部出现在每个部分之上，设计时要根据每本书的不同需要有选择性地安排各部分的设计内容。

1. 护封的"封面"

护封的"封面"上有以下一些元素：① 图像；② 书名；③ 封面文字；④ 作者全名；⑤ 书版社名称，标识；⑥ 色彩。

2. 护封的"书脊"

护封的"书脊"上有以下一些元素：① 书名；② 作者全名；③ 书版社名称，标识；④ 图像；⑤ 色彩。

3. 护封的"封底"

护封的"封底"上有以下一些元素：① ISBN 条码；② 图书定价；③ 内容简介或图书描述；④ 评论；⑤ 作者简介；⑥ 已出版作品目录或系列作品目录；⑦图像。

4. 护封的"勒口"

护封的"勒口"上有以下一些元素：① 图书描述；② 评论；③ 作者简介；④ 已出版作品目录或系列作品目录；⑤ 图像。

第三节
书籍的编辑结构与
版式设计

　　书籍的版式设计是指在一种既定的开本上，把书稿的结构层次、文字、图表等要素作科学而艺术的处理，使书籍内部的各个组成部分的结构形式既能与书籍的开本、装订、封面等外部形式相协调，又能给读者提供阅读上的方便和视觉上的享受，版式设计是书籍设计的核心部分之一。

一、编辑结构　　　　　　　　　　　　　　　　　　　　　　　　　ONE

　　在书籍的编辑过程中，书籍的内容结构会根据书籍的不同主题、类别、形式、内容而不同，但是其基本的编辑结构还是有章可循的。这在帮助设计者规划图书布局和结构时是非常有用的。

　　书籍的编辑结构，依照装订顺序可大致分为正文前、正文（主体）、正文后（结文）三部分。

1. 正文前部分

　　正文前部分如图 2-3-1 所示。

前环衬
——简单的、统一的色彩印刷,通常作为装饰
有时候用图像,有的时候采用图书内容中的主题,还有的时候用视觉索引的形式(与地图集一样)。
——与后环衬对应

卷首插画（引文页）
通常只在右页
——包含作者姓名、书名、出版者、简单说明
——图像、通常没有书名

空白页
——空白,没有页码,但通常被计算在书页内

前扉页（引文页）
——传统上认为是和扉页相对比,在右页
——作者全名
——书名
——有需要的话还会有副书名、第几册、第几版
——出版社名称,出版社标识
——出版地,比如:北京、伦敦、纽约
——传统上有的时候还包括装饰性元素、规则等
——图像、照片、插图、图表等

图 2-3-1　正文前部分

书名所在页反面（版权页）
（左页）（引文页）

——只有书名在右页的时候，才是如此。尽管顺序
会有所不同，但通常包括以下内容
•出版社标志
•出版社名称,合作出版者
•出版年份
•版权声明
•出版社地址、邮编
•出版社的联系方式,如：电话、传真、邮箱
•开本、版次、印次、书号和定价等

扉页（引文页）单独右页或第一跨页

——作者全名
——书名,有需要的话还会有副书名
——出版者
——出版地
——出版年份
——图像

摘要

——给出了本书的内容梗概

作者名单（也有可能在页尾）

——多作者时,通常按照作者姓氏的拼音首字母
或笔画顺序排列

序言（右页）

——作品创作的动机
或作者构思起源，通常
由他人撰写

前言（右页）

——作品创作的动机
或作者构思起源，篇幅
有时会达多页

目录页（引文页）

——章节编号和章节名
——页码。可能还包括使用了罗马数字或字母的
开始页

空白页（可能出现）

——如果前言或序言
在右页结束,通常会留
出空白页

续图 2-3-1

2. 正文部分

正文部分如图 2-3-2 所示。

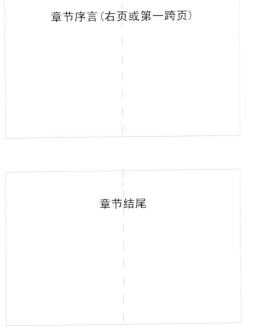

图 2-3-2　正文部分

3.　正文后部分

正文后部分如图 2-3-3 所示。

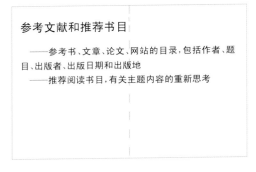

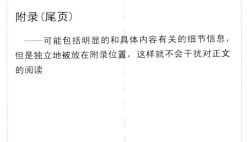

图 2-3-3　正文后部分

二、页面结构 **TWO**

页面结构如图 2-3-4 所示。

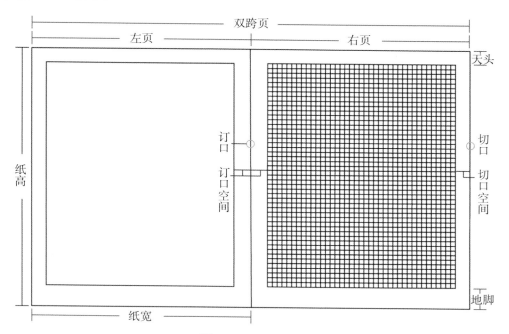

图 2-3-4　页面结构

（1）纸宽、纸高，确定了页面的大小。

（2）单页，装订在左边的单独一页。

（3）左页，通常标注偶数页码。

（4）右页，纸张的正面，通常标注奇数页码。

（5）双跨页，两张正面打开的纸被设计在一张纸上，内容跨越装订线排列。

（6）页眉，书页的顶部。

（7）页脚，书页的底部。

（8）天头，指书籍中（含封面页）最上面一行字头到书籍上面纸边之间的部分。

（9）地脚，书籍中最下面一行字到书籍下面纸边的部分。

（10）切口，书页的外边缘。

（11）切口空间，文本区域的外部边缘到切口间的空间区域。

（12）订口，书籍订联的一侧。

（13）装订线空间，距离装订最近的内部空间。

三、版式设计的原则 **THREE**

　　版式设计是书籍设计的核心部分，以文字、图形图像、色彩等诸多要素为造型语言。优秀的版式设计有利于阅读，版式的艺术处理与书籍的内涵有机地融合，可增加审美性，愉悦读者，加深记忆和理解。不同的版式设计会产生不同的视觉效果，在设计的过程中有一些美的形式法则可供借鉴、参考。

1. 对比与调和

对比是对立与比较的概念，是体现变化的原理。没有对比就不会有主次，运用对比可避免平淡，使一些可比成分的对立特征更加明显，更加强烈。

调和就是各个部分或要素之间相互协调，追求多样统一，产生强烈的视觉效果。在书籍版式设计中通常是指调节各部分之间形状、线条、色彩、运动方向等所存在的共性，在各个部分之间建立关联，也就是用同一性、近似性或调和的配比关系，来达成协调一致的视觉感受。对比与调和的实例如图 2-3-5 所示。

图 2-3-5　对比与调和的实例

2. 比例与尺度

任何一个版面都是一个二维的空间。在二维平面上的版面布局，其比例与尺度是整体与部分之间的最重要的结构关系。在版式设计中，比例与尺度能够体现出主体与层次关系，也能体现数学和设计之间的联系。这表现为各个部分之间能达成特定的比例关系，如黄金比例。美术大师达·芬奇在他的著作《芬奇论绘画》中明确指出：美感应完全建立在各部分之间神圣的比例关系之上。比例与尺度的实例如图 2-3-6 所示。

图 2-3-6　比例与尺度的实例

3. 对称与均衡

对称与均衡以人们自然地追求稳定和平衡的心理为基础。对称是版面设计的一般规则，通常指版面的上下或左右依照对称轴或对称点产生一致、相对应的结构形式，是一种安全、稳重、统一的构成。

均衡是指在结构版面中，以版面中心为支点，是版面的左右、上下诸要素中通过面积、距离、饱和度、外形等方面的调节在视觉上呈现出平衡感。均衡比对称更富于变化，在生动活泼中更具平衡感。对称的实例如图 2-3-7 所示，均衡的实例如图 2-3-8 所示。

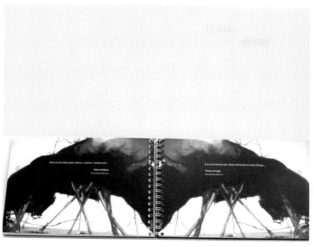

图 2-3-7 对称的实例

图 2-3-8 均衡的实例

4. 节奏与韵律

生命体本身就充满节奏与韵律，如呼吸、心跳等。节奏是指按照一定的条理秩序，重复地、连续地排列重现，形成一种律动形式。

韵律则是指节奏富于变化的形式，是在节奏中注入个性化的变异形成的。它变节奏的等距间隔为几何级数的变化间隔，赋予重复图形以强弱起伏、抑扬顿挫的规律变化，产生优美的律动感。

节奏与韵律是互相依存的，一般认为节奏带有一定程度的机械美，而韵律又在节奏变化中产生无穷的情趣。节奏与韵律的实例如图 2-3-9 所示。

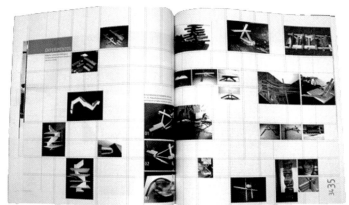

图 2-3-9 节奏与韵律的实例

5. 实体与空白

中国的传统绘画中非常强调虚实、疏密与留白之间的布局关系。在版式设计中通常将内容部分理解为实体，实体以外的空间是空白，也可以看成是隐性的形体，实体与空白是相互依存的，设计的时候要统筹考虑，它们共同决定版面的整体效果。实体与空白的实例如图 2-3-10 所示。

熟悉各种版式构成的形式法则，将有助于设计出完整的且富有变化的作品，而这需要长期的培养过程。

图 2-3-10　实体与空白的实例

四、网格　　　　　　　　　　　　　　　　FOUR

网格是书籍版式设计最先体现构想的标准化系统，是决定纸张的内部分割。提前设置网格有助于印刷页面的分割与整合。网格使得所有的设计因素——字体、图像及其他要素之间的协调一致成为可能。网格设计就是把秩序引入设计中的一种机制。它的特征是重视比例感、秩序感、连续感、清晰感、时代感、准确性和严密性。

然而，对设计者来说，真正的困难在于如何在最大限度的公式化与最大限度的自由化之间寻找平衡。当网格设置得过于严格和公式化的时候，可能会一定程度地限制设计师的自由。但是，复杂的网格存在并不妨碍变化，它允许大量变化的存在，同样可以包容更多的自由理念。下面对网格构成概念及特征予以说明。

1. 网格的构成

网格的构成如图 2-3-11 所示。

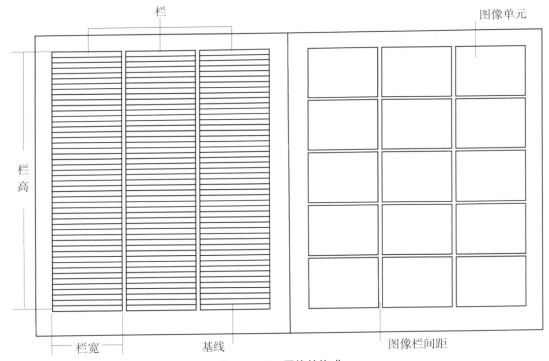

图 2-3-11　网格的构成

①栏：网格上用来排列字体的长矩形空间，网格上的栏因为宽度的不同而有很大的区别，但通常高度要长于宽度。

②栏宽：每行的宽度。

③栏高：决定了文字栏的高度。

④图像栏间距：图片单元之间的空白区域。

⑤图像单元：通过基线、空白线留出的图像位置。

⑥基线：字体坐落的线。

网格系统是隐形的架构，由印刷成品中看不到的一系列纵横交错的、常常包含着有趣的数列关系的辅助线组成。它控制着印刷品的边距，文本栏的宽度，页面元素之间的间距、比例、大小，每页重复出现元素的固定位置等。设计师用辅助线创造和调整一个栅格系统以便于在空白的页面上高效地放置各种元素，如大标题、正文、照片等，并利用网格迅速地进行各种细微调整。

2. 对称网格与非对称网格

在一个展开的页面确定文字区域，首先要决定左右两页上的文字区域是对称网格（见图2-3-12），还是要非对称网格（见图2-3-13）。大部分图书具有围绕中心装订线的对称版式，左页面与右页面互为镜像。如果左页面与右页面的网格不完全相同，或者网格相同却无法形成镜像，则都属于非对称网格。

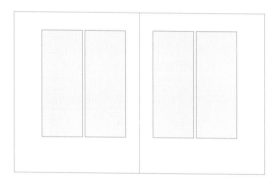
图2-3-12　对称网格

图2-3-13　非对称网格

3. 经典的网格比例

德国先锋字体设计师杨·奇霍尔德在一张长宽比为3∶2的纸上作出了经典网格（见图2-3-14）。页面中文本区域的布局与整个纸面有着和谐的比例关系，简洁美观。这个网格的重要意义在于，它的位置与尺寸是依据比例关系构成的，而不是用固定值来确定的。

4. 简单的现代网格

现代主义思潮对图书网格的发展产生了影响。第二次世界大战后，新一代的设计者发扬了简·契尔柯德等早期现代主义字体先锋派的思想，充分使用对称网格来决定页面所有元素的位置关系，使文字与图片以合理的结构来搭建。

现代网格要素用整数表示：栏是版式的再分，边距及单元是栏的再分，基线是单元精准的等分。简单的现代网格如图2-3-15所示。

以上述网格为基础，进行排版变化设计如图2-3-16所示。

几乎所有的现代图书都可能包含一个或一个以上的网格。例如：大多数文字主导的作品，章节是一种网格，术语和索引则是另外一种网格。尽管栏数和字号有可能不同，但其主要的文本区域是相同的。

随着设计者长期的钻研与实践，可供使用网格设置类型越来越多。例如，使用方根矩形创建网格，采用比例尺制作网格，使用复杂的复合网格，使用基于印刷要素的网格，等等。在设计书籍版式的时候，要结合书籍的主题、内容、风格及特殊需求选用适当的网格系统。

该网格建立在一页长宽比例为 3∶2 的双跨页上

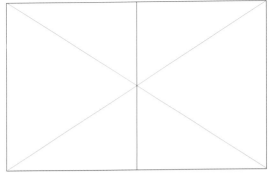

在整张跨页中作出两条对角线

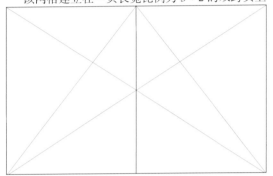

作出两个底角到订口的对角线

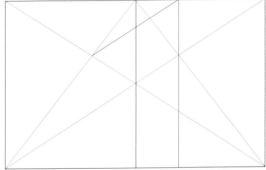

通过跨页对角线与右页对角线的交点画出一条垂直线，在该垂直线与上切口边缘的交点和跨页对角线与左页对角线的交点间作出一条直线。此直线与右页对角线的交点到订口的距离为右页宽度的 1/9

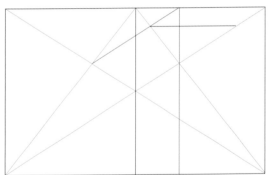

以该直线与右页对角线相交的点作一条水平线，并与右页的跨页对角线相交。确定文本框的上部边缘的位置，该水平线到上切口的距离恰好为页面高度的 1/9

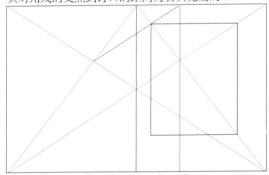

作出完整的文本区域

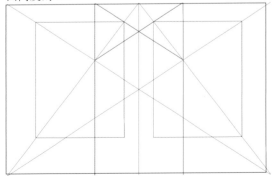

左页文本框以同样的方式作出文本区域

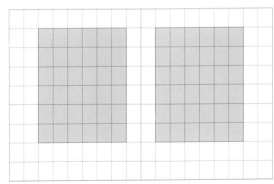

将页面的长宽都分为 9 份，可以看出网格各部分的位置与尺寸都是依据比例关系建构的

图 2-3-14　经典网格

在页面中勾画文本区域的高度和宽度，应当具有功能性和审美性

一旦这个文本区域被创建，设计者把它分为两个、三个或更多的文本栏。举例来说，有两个栏的文本，将文本区域垂直分为两个部分，通过插入空间的方法分割

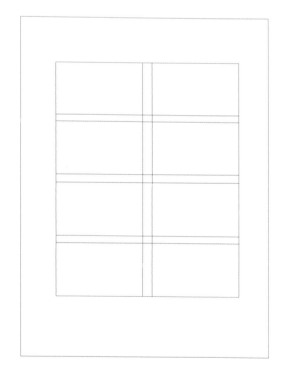

现在将文本栏再水平划分为两个、三个或更多区域

设计者现在必须决定接下来将使用的字体的大小和行间插入的空行是多少。如果说，10 pt 的字体带有 3 pt 的行间距，插入的空行保证其寻找的易读性，检查已经勾画的区域的高度，并确定在一个区域内可以容纳有多少 10 pt 的文本行。在大部分的情形下，设计者将不得不使区域的高度能够适应特定数量的文本行的高度，这将会使区域变得更大或更小

图 2-3-15 简单的现代网格

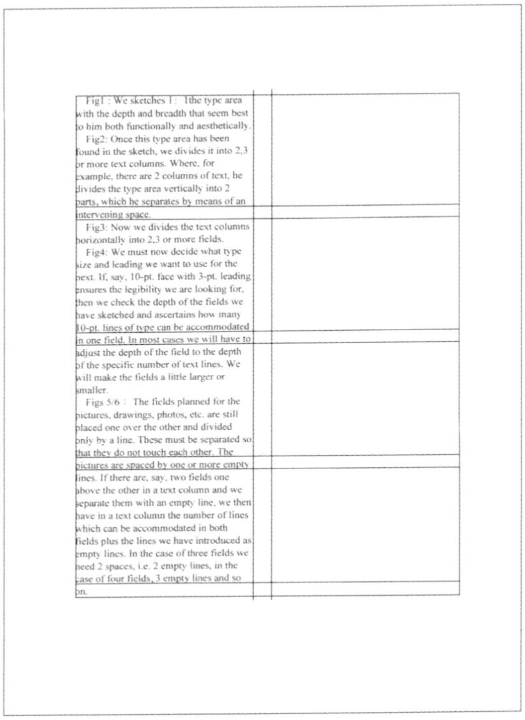

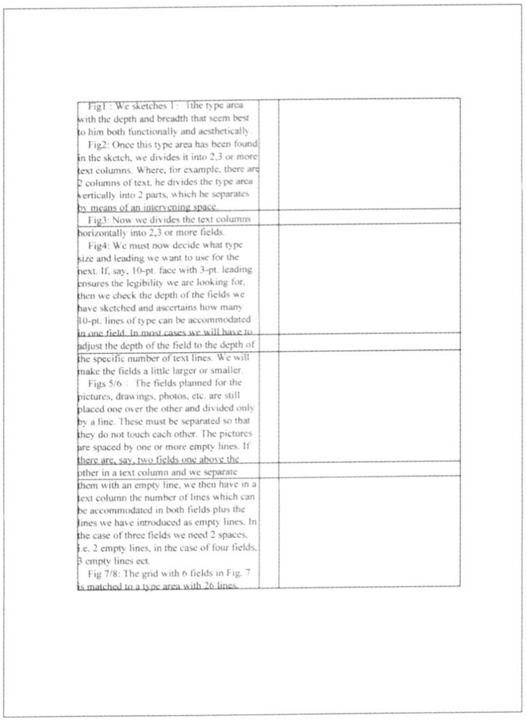

为图片等要素设计的区域。图片依网格垂直排列，之间用空行分割。间隔是防止它们不遮挡或干扰。如果网格分割为三个区域，那么出现两个间隔空间，依此类推，如分割为四个区域的话，就出现三个分割空间。

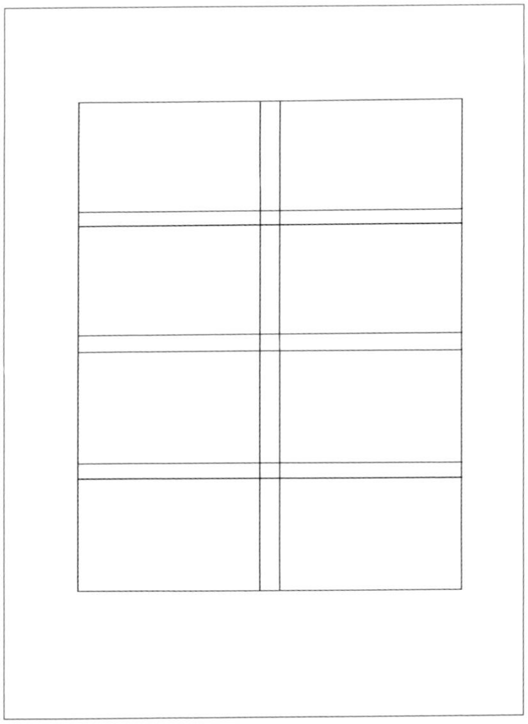

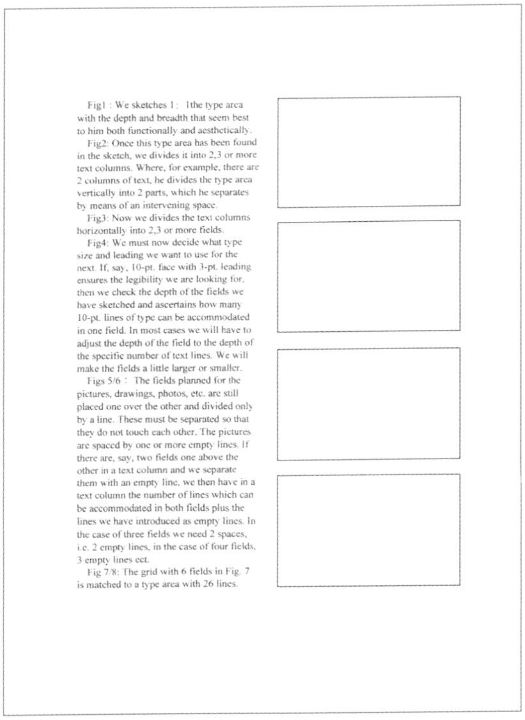

分割为八个区域的网格，右图左侧是适合39行的文本区域。右侧是四个图片，网格区域的上部和下部的界限都对齐一行文本。

续图 2-3-15

图 2-3-16　排版变化设计

第四节

书中的文字 《

　　图书最基本的构成元素是文字。不同样式的文字、数字、符号构成了版式设计中最基本的构成元素。不同的字体结构，不同的粗细比例的变化，都会形成不同的个性，成为传递信息与情感的极佳方式。本节阐述文字的类型、字体组合的一般规律、字体编排的基本形式等内容。

一、文字的类型　　　　　　　　　　　　　　　　　　　　ONE

　　文字的类型从不同的角度阐述会产生不同的分类形式。对于文字类型的认识与把握，无疑对设计将具有直接的帮助，这一点在书籍设计中尤为需要重视。

　　如果以文字在书籍版面中的功能进行分类，主要可以分为三类：标题文字、正文文字、装饰文字。

　　1. 标题文字

　　标题文字通常字号较大或加粗或使用突出的色彩，用于标题、题目等。这些文字要能够吸引视线，易于清晰、准确辨识，并且要与其他文字协调并共存。标题文字设计的实例如图 2-4-1 所示。

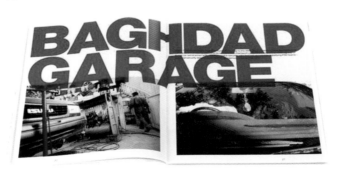

图 2-4-1　标题文字设计的实例

2. 正文文字

正文文字是书籍文章中大段的文字。正文文字的重点在于易读性，选择一种恰当的正文文字，能够提高读者的阅读速度，并在长时间阅读时不易产生疲劳。要强调的一点是，"白纸黑字"的时代已经过时了，运用舒适色彩的正文文字被越来越多地使用。

正文文字设计的实例如图 2-4-2 所示。

图 2-4-2　正文文字设计的实例

3. 装饰文字

装饰文字一般用于特别强调或特别重要的部分。它的作用是要吸引注意、成为焦点，甚至可以一定程度地牺牲易辨识性。还有一种情况是为了平衡视觉关系或丰富空白的空间而使用装饰字体。装饰字体是独特的、具有创意的，通常只是为某一本特定的书籍或活动所设计的，其使用时效短暂，依据环境变化更新频繁。

装饰文字设计的实例如图 2-4-3 所示。

图 2-4-3　装饰文字设计的实例

如果以不同语言、文字的差异性进行分类，还可以将各个国家的文字分为不同的类型。因为我国设计师目前最常接触到的文字是中文和英文，而英文与其他字母文字存在很大程度的共性，所以本部分只阐述中文字体和英文字体。

1）中文字体

汉字是中华悠久文明的载体，是从象形文字不间断发展而形成的表意文字。汉字呈方形，结构美观，容易识别，且传达意思明确，但数量繁多、结构复杂，在计算机字符编码方面曾一度遇到困难。1981年由王选院士主持研制的第一台计算机激光汉字照排系统"华光Ⅰ型"成功推出，标志着非表音语言的汉字可以成功地写入计算机。从此，汉字逐渐显示出在计算机信息时代的优势，得到了快速的发展。

（1）宋体。

宋体结构饱满、整齐美观，起笔、收笔及转折处有装饰角。由于它适合人们阅读时的视觉要求，一直被广泛使用，成为出版印刷使用频率最高的字体之一。

在宋体的特征基础上，逐渐衍生出字族系列，它们在笔画粗细和结构上略有变化，以适用于各种不同的使用环境。如特宋、大标宋、小标宋、书宋、报宋、仿宋、长宋等。宋体如图2-4-4所示。

（2）黑体。

黑体是受西方无衬线字体影响而产生的印刷字体。其字形端庄、笔画粗细均匀，没有装饰性笔画，显得庄重、醒目、富有现代感，易于阅读。黑体同样发展有字族系列，如特粗黑、大黑、中黑、美黑、中等线、细等线等。黑体如图2-4-5所示。

（3）印刷体。

结合宋体和黑体的各自特点，又演变出许多的印刷体（见图2-4-6），如宋黑、圆体、姚体、琥珀体、综艺体、彩云体等。这类字体字形结构更趋几何化或装饰性，具有更为鲜明的风格和特征。

方正报宋	方正黑体	方正姚体
方正书宋	方正大黑	方正粗倩
方正粗宋	方正细黑	方正粗圆
方正新报宋	方正超粗黑	方正琥珀
方正小标宋	方正细等线	方正彩云
方正大标宋	方正中等线	方正综艺
图2-4-4 宋体	图2-4-5 黑体	图2-4-6 印刷体

（4）书法体。

汉字在文字书写的基础上孕育出一支独特的书法艺术奇葩。根据汉字传统书写风格发展而来的书法体主要有五种类型，即行书体、草书体、隶书体、篆书体和楷书体。在此类型的基础上不断衍生出字族系列，如魏碑、柳体、行楷、舒体等。书法体如图2-4-7所示。

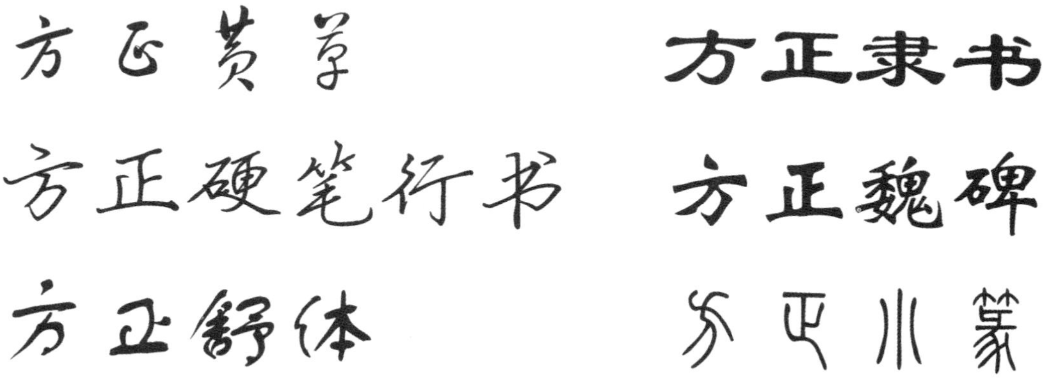

图 2-4-7　书法体

2）西文字体

与方形的汉字不同，西文是由多个字母组合成单词的拼音文字，每个单词因为组合字母多少的差异，形成不同的长度。西文单词主要是拉丁字母的体式，单个字母的结构简单，字母符的数量非常有限，这就便于设计新的印刷字体，从而形成了各种不同风格和特点的字体。西文字体的类型极为繁多，据统计，目前常用的西文字体有1 800 余种，总数有5 000~6 000 种之多。

由于西文的字体种类很多，分类就相对复杂，通常可以依据字体的发展和特点进行分类。按照体系分类，通常以字体的发源地或设计者的姓氏命名。每一体系中再发展出具有一致倾向性的字族。西文字体主要的体系可以分为罗马体体系、哥特体体系、埃及体体系、装饰体体系、手写体体系、无饰线体体系、图形体体系等，每一款字体都具有自身的风格和特点。各种西文字体如图 2-4-8 所示。

图 2-4-8　各种西文字体

Pokemon Solid

PT Banana Split

HOMOARAKHN

装饰体

VTKS DOWNTOWN

Young Love & S

Jellyka - Estrya's Handwriting

手写体

续图 2-4-8

二、文字编排的属性　　　　　　　　　　　　　　TWO

1. 印刷体类型

1）点阵字体

点阵字体是一种文字在计算机字库中字形信息的存储方式，这种方式称为点阵数字化。文字无论怎样变化，都写在同样大小的方格内，即把一个方格分成 256 个小方格，或者又理解为 256 个"点"。点阵中的每个点就表示一种状态，即有笔画和无笔画。有笔画的部分描绘文字的字形，所以称为点阵字形。用二进制数字来表示点阵，"1"表示有笔画，"0"表示无笔画，点阵字形就可用一连串的二进制数字来表示，这种方法称为点阵数字化。

点阵越多，精度越高，字体的信息量就越大。当改变字体属性的时候，点阵字符要对其位图中的每个像素进行变换，因此运算量也较大。由于受到点阵位置的制约，字形不够规范，显示有阶梯，放大使用时更为明显。低分辨率的字体为 16×16 点阵，一般用于印刷的字体为 64×64 点阵以上。

2）矢量字体

矢量字体是将每个字符的轮廓笔画分解成各种直线和曲线，并记下这些直线和曲线的参数，在调用显示的时候，根据具体的尺寸设定，描绘这些线条，从而还原出本来的字符。

矢量字体的优势是对于字符进行缩放、旋转、倾斜、空心、加网等变换时，只对其几何参数进行变换就可以了，因此可以随意放大缩小字体而其边缘轮廓清晰，所占用的存储空间小且与字符尺寸的大小无关。但是这种方法连续性不好、忠实度不够，在放大到一定程度时有折痕。矢量字体的字库种类很多，区别在于它们采用不同数学模型来描述组成字符的线条。常见的矢量字库有 Type1 字库和 Truetype 字库。

3）高阶曲线轮廓字体

这种字体描述核心采用二次或三次曲线作为基，用特殊的手段保证平滑过渡点的连续性。这种字体解决了前几代字模存在的问题，连续性好，字形美观而且变化丰富，不易走形。更符合印刷及高质量输出的要求。

2. 字距与行距

可以将字距和行距看成是对正文信息最为基础的划分，具有重要的功能性作用及习惯性特征。字距和行距的设定目的是为了便于阅读。各类编辑软件都为调整字距与行距提供了极大的便捷，但是，版面上文字的字距和行距的不同设定，会产生不同的心理效应，也就渗透影响阅读效果。

版式设计具有很强的规范化特征。中文正文行距一般在半个字高至一个字高之间，中文行距的计算是从上一行文字的顶端至下一行文字的顶端。因此行间距应设定为字高的 1.5 倍至 2 倍，一般不超过 2 倍，否则会影响连贯性，产生稀疏感。

西文字体的行间距是一行的基线到另一行基线之间的距离。西文编排常提到的"密排"，是指行距等于字体的磅数，例如 12 pt 的字体使用 12 pt 的行距。12 pt 的字体行间距为 2 pt，表示为"行距为 14 pt 的 12 pt 字体"。

通常情况下，字距要小于行距；行距要小于段距，段距要小于页面边距，这是一般性规律。字距和行距如图 2-4-9 所示。

图 2-4-9　字距和行距

3. 栏

整段文字的编排，通常被排入栏中，那么栏的宽度就成为这段文字的行长度。

目前通行的图书字行长度有以下几种。大 32 开本图书的字行长度：五号字，27~29 字 / 行，100~108 mm。

32 开本图书字行长度：五号字，25~27 字 / 行，长度 92~100 mm。16 开本图书字行长度：五号字，38~40 字 / 行，长度 146~150 mm。西文每行平均 7~10 个单词即 40~70 个字符最容易阅读。少于字数的这一限度，读者的视线需频繁的移行，多于此限会使读者的视线作长时间的水平移动而感到疲倦。根据页面中分栏的多少，每栏的宽度也会缩小，每行的字数也会相应减少。栏如图 2-4-10 所示。

图 2-4-10　栏

4. 段落对齐

段落文字一般可以采用左对齐、右对齐、居中对齐、两端对齐的方式进行排列。还有一种是适合中文特点的竖直排版，此外，就是自由编排形式。各种编排形式具有各自的应用空间，可以在书的标题、内容、章节序言、正文说明、索引各个部分中充分加以运用。每种编排方式都具有自身的优势，虽然通过编辑软件只要点击相应的图标按钮就可完成对齐任务，但是人的生理特征，以及由于长期、广泛的使用，已经逐渐地形成了读者的阅读习惯，这才是设计者在进行文字编排设计的时候要充分考虑的。

1）左对齐

左对齐规则的采用是在图书出版的后期才出现的。当采用较窄栏宽时，西文字体按照左侧对齐排列，行首整齐，右侧的行尾则非常零散。这时通常会使用连字符来减少由于行长不同造成的视觉上的不规则的手法。中文则由于每个字符的大小相同，因此右侧的行尾则会形成整齐的空白。左对齐如图 2-4-11 所示。

图 2-4-11　左对齐

2）右对齐

右对齐排列对长篇幅的阅读来说是不舒服的，因为每一行的开头都是在页面的左手空白排列，而且起行字符的位置也有很大差别，这样容易导致记忆的混淆，与阅读体验脱节，读者在阅读时容易串行。

右对齐通常用于很短的文章或说明文字，这样这种方式的缺点就不那么明显了，但右对齐未能与图片左边之间形成整洁的呼应。右对齐如图 2-4-12 所示。

图 2-4-12　右对齐

3）居中对齐

字体沿着中轴线排列，通常在标题页使用，适合短小的内容。这种方式尽管很容易创造，但是却较难掌控，因为文字内部文本层次必须结合相应的阅读、行长、字号、笔画粗细来综合考虑。

居中对齐很少在正文中使用，如右对齐一样，这样的对齐方式同样会给阅读者寻找每行的开头带来困难，增加阅读障碍。居中对齐如图 2-4-13 所示。

图 2-4-13　居中对齐

4）两端对齐

与居中对齐一样，文字是围绕中心轴对称排列的，是行首和行尾都整齐的编排形式。中文书刊的正文大多采用这种文字编排形式，它也是西文书刊的传统编排形式。但要注意的是西文采用此种编排形式产生的行、字间距是不规则的，须对每行中的词间距或单词的长度进行调整。两端对齐如图 2-4-14 所示。

5）中式竖排

文字自上而下竖向排列，行序是自右向左，与古代的竖写顺序保持一致。现代版面设计中的中式竖排的方式多用于表现东方传统文化和中国古典文学。这种编排方式如果在中文的行文中出现西文、阿拉伯数字、符号等非中文字符时较难处理。中式竖排如图 2-4-15 所示。

6）自由编排

采用自由编排的版面越来越多，它体现了新颖的视觉感受，随意的、自然的气息，这是一种需要关注的设计趋势。文字编排不再受栏的局限、不过多受秩序的约束，打破常规与传统的束缚，可以自由任意地进行表达，甚至产生交叉、重叠。这种趋势是由计算机技术发展及人类思维变迁共同驱动的。特别受年轻人的喜爱，但编排过程较难把握，如果调理、节奏不能够精准把握的话，就会产生混乱和不知所云之感。文字的自由编排如图 2-4-16 所示。

图 2-4-14　两端对齐　　　　　　　　　　　　　　图 2-4-15　中式竖排

图 2-4-16　文字的自由编排

三、文字编排原理　　　　　　　　　　　　　　　　THREE

1. 引导视觉动线，保证可识别性

　　一本书中，通常会使用不止一种字体。多种字体并列出现自然会产生层次感，这种层次感可以影响和改变读者视线在页面上的移动轨迹。设计者应当有意识地运用字体及其属性的变化，创建层次的条理性，来引导视觉动线，协助读者更好地完成阅读活动。通常是根据书中内容需要和重要程度的不同，选用不同的字体、磅值、色彩、疏密来区分书籍的题目、章节标题、正文、注释、参考信息等内容。

　　如果字体使用繁杂、差异过大，又会产生阅读混乱。文字本身是承载信息的符号，这是不能忽略的。通常在标题部分选择较新颖、具有装饰性的字体并设置较高的磅值，以达到增强对比、引人注目的突出效果，在大段的正文部分选用简洁、易读性高、辨识性好的字体来保证可读性。

2．追求个性与统一协调

具有独特特征的文字编排设计可以有效激发读者的兴趣，从而驱动购买与阅读。追求个性表现的前提是要吻合内容需要，不然就会流于形式，感觉空洞。

即使是非常个性的编排设计，同样需要整体的统一性与协调性。使用不同字体时，要注意字体之间的兼容性，特别是在中文与西文字体混排时，更要注意字体风格的协调。

3．依据设计诉求建立情感基调

所谓诉求是设计者构想向读者表达的一种风格化的情感基调，是具有倾向性的选择。要在明确主题与需求的理性基础上，建立感性的情感传达。就是说，设计者需要判断和决定其设计的图书能够具有一种什么样的情感基调，是时尚风格还是经典怀旧、是民族风情还是大众文化、是丰富多彩还是淡雅凝练、是阳刚壮美还是阴柔娇媚……情感通过文字编排传递给读者，图书本身则获得了升华。

文字编排设计欣赏如图 2-4-17 所示。

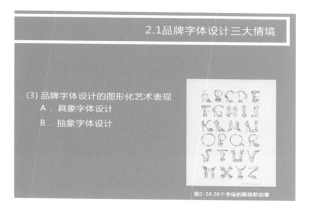

图 2-4-17　文字编排设计欣赏

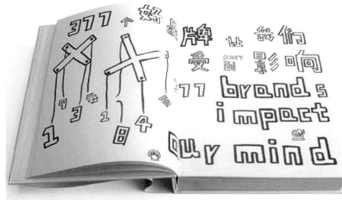

续图 2-4-17

第五节

书中的图形图像 《《

　　图形图像在出版物的视觉传达中扮演着重要角色。它是更快捷、更直接、更形象的信息传达媒介，是书籍设计中不可缺少的元素。图形图像和文字共同使用时，能提高视觉传达的效果，当与文字有机结合时，就能使书籍外观显得更加丰富，更具节奏感。

　　书籍设计过程中，如何选择和应用图形图像，取决于书籍的主题、内容、整体风格、读者群等诸多要素。书籍中使用的图形图像可以是摄影图片、插画、抽象几何图形、信息图表、计算机图形图像等。

一、摄影图片　　　　　　　　　　　　　　　　　　ONE

　　摄影图片是当今应用最为普遍的图形图像类型。摄影图片为设计师提供了丰富的表现素材。如今书籍中出现的摄影图片，都经过了处理加工和润饰，以获得更好的图片质量。摄影图片在书籍设计中的应用可以是如下类型。

　　（1）出血图，充满画面并延伸至书页边缘，具有一种向外的张力和舒展的感觉，拉近与读者的距离。一个四周出血的摄影图片能够产生强有力的视觉体验。出血图如图2-5-1所示。

图 2-5-1　出血图

　　（2）退底图，保留照片中的主体部分，去掉纷乱繁杂的背景，使主体部分更加突出。使其能够与版面中的文字、插图等其他元素更有效的组合。退底图如图2-5-2所示。

　　（3）合成图，为了使图像更加符合某一特定主题，设计者常常会创造独特的图像效果，借助图像处理软件，

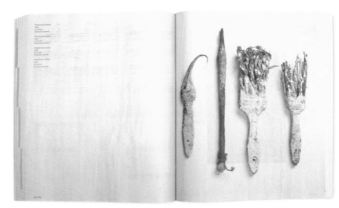

图 2-5-2　退底图

将多幅图像按照需要进行有机的组合设计。

　　合成图如图 2-5-3 所示。合成图，将与主题相关的照片素材打散、重构，并置在同一版面中，形成一种独特的风格，增强视觉冲击力。

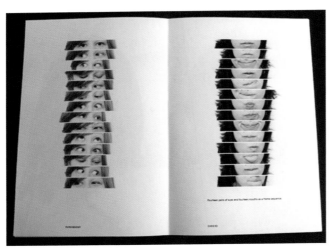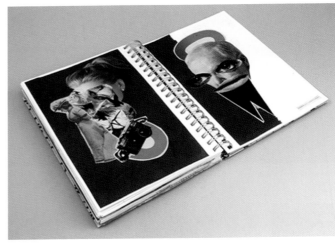

图 2-5-3　合成图

续图 2-5-3

（4）特效处理，根据特定的内容需求，为照片添加不同的特殊效果，即可以弥补照片质量上的缺陷，同时可以突出主题，引发联想，增强记忆。特效处理如图 2-5-4 所示。

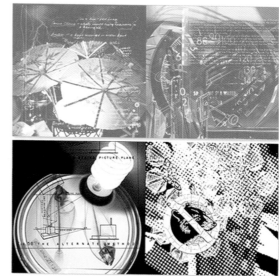

图 2-5-4 特效处理

（5）摄影照片应用欣赏

摄影照片应用欣赏如图 2-5-5 所示。

二、插画   TWO

插画是区别于摄影的手工绘制形式，在表现特定内容的时候，展现出特殊的艺术性和表现力。

插画属于"大众传播"领域的视觉传达设计范畴。最直接的含义就是"插在文字中间帮助说明内容的图画"。书籍的插画是在文本的基础上对文本的形象、思想内容进行具象的表现，它能给读者以清晰的形象概念，加深人

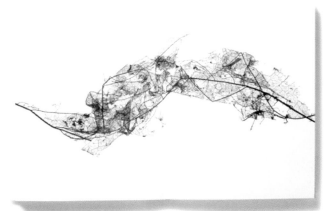

图 2-5-5　摄影照片应用欣赏

们对文字的理解。其表现形式多种多样：水墨画、白描、油画、素描、版画（木刻、石版画、铜版画、丝网画），水粉、水彩、漫画等。插画可以是写实的，也可以是装饰性的。插画如图 2-5-6 所示。

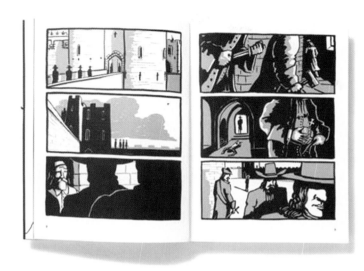

图 2-5-6　插画

三、抽象几何图形　　　　　　　　　　　　　　　　　　　　　THREE

　　抽象几何图形是版面设计重要的表现手段之一。可以在版面中对信息进行有效的区分，建立阅读的层次感，同时具有对版面的修饰作用，并活跃版面气氛。抽象几何图形的使用要以围绕目的为基础，在使用时有所选择。盲目滥用，不仅会削弱统一的视觉的效果，而且会扰乱主题的表达。抽象几何图形如图 2-5-7 所示。

　　书中图形图像应用欣赏如图 2-5-8 所示。

四、信息图表　　　　　　　　　　　　　　　　　　　　　　　FOUR

　　随着信息设计概念的深入人心，复杂信息运用独特的图表形式来呈现，使所要传达的内容获得更为有效的传播。信息图表化的过程要进行信息解释与架构，编辑与视觉艺术化的环节，然而这个设计流程并非是人人所精通的。

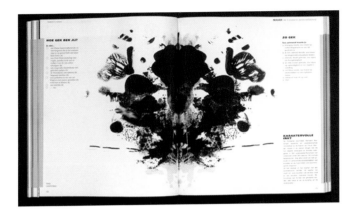
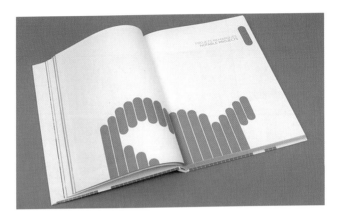

图 2-5-7 抽象几何图形

图 2-5-8 书中图形图像应用欣赏

续图 2-5-8

特别是一些学术性的书籍、年报等在用大量数据信息来支持或协助作者阐明观点的情况下，如果将大量的数据信息使用不同形式的图表来呈现，读者能够更好地理解数据的含义及其之间的关联。当然也要根据实际信息内容的不同来选择适合的图表类型。本部分谈及的信息图表包含各种图表形式，最常用的表现类型包括柱状图、饼状图、线图、树状图、序列图、爆炸图等。

（1）柱状图：用来进行数据量及同类信息之间差异关系的对比，既可横向排列又可以纵向排列，坐标轴可以标示刻度和类别。柱状图如图 2-5-9 所示。

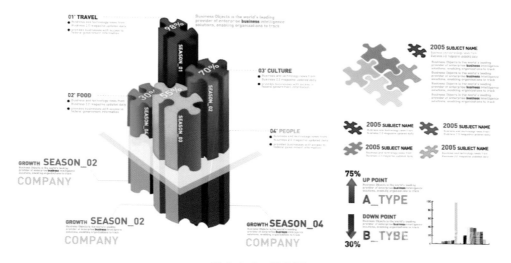

图 2-5-9　柱状图

（2）饼状图：用来表示求和信息或各部分与整体之间的比例关系，多采用正圆形式。近来随着三维效果的广泛应用，具有透视效果的饼状图，甚至分心图也被经常使用。饼状图如图 2-5-10 所示。

（3）线图：多用来显示时间轴或围绕一个基准显示发展的持续变化。从理论上说，线图可以随着状态的变化一直无限延伸，这个特征可以对信息进行推断和预测。许多情况下就是用线性图来表示信息的。阿富汗战争线图如图 2-5-11 所示。

（4）线性图：标示节点与节点之间关系的图表类型。它不是反映确切地理位置的地图，通常被用于交通、管道、电路等方面的设计。米兰轨道交通线性图如图 2-5-12 所示。

（5）树状图：用来表现信息之间脉络关联的图表类型。树状图可以使读者更为清晰、全面地了解信息之间的构成关系。亚马逊收购的树状图如图 2-5-13 所示。

图 2-5-10 饼状图

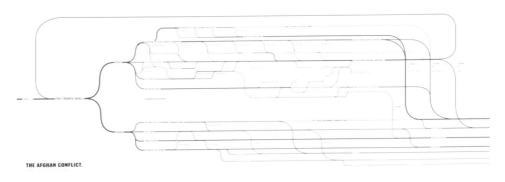

图 2-5-11 阿富汗战争线图

图 2-5-12 米兰轨道交通线性图

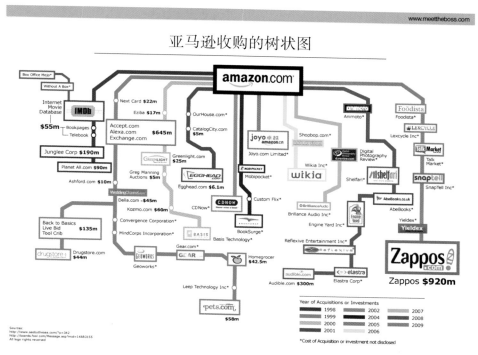

图 2-5-13　亚马逊收购的树状图

（6）散点图：可以使各类信息之间得以比较的图表类型。散点图反应了两组或多组数据之间的相关联的程度。散点图如图 2-5-14 所示。

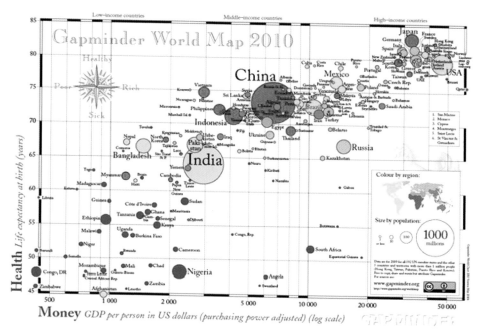

图 2-5-14　散点图

（7）轴测图：在二维平面中呈现三维信息的图表类型。在一幅图上呈现物体三个面的工程图形式，无透视信息，使人更加易于理解所呈现物体的信息。用轴测图可以结合横截面或排列次序来给出物体、地形、建筑的概貌。轴测图如图 2-5-15 所示。

（8）剖面图：在平面图和轴测图的基础上，使用各种绘图方法，呈现出物体无法看到的部分。在一个版面中

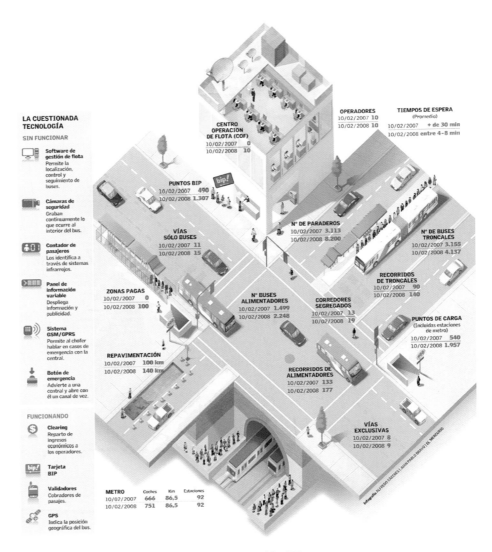

图 2-5-15 轴测图

通过剖面或截面的方式去除遮挡部分，从而清楚地解释隐藏的信息。剖面图如图 2-5-16 所示。

(9) 爆炸图：在轴测投影与透视图的基础上，将物体系统地分解，以呈现各个部分。重点在于将分解的各部分依照一条轴来放置，加上适当的说明文字，会非常易于理解。航空模型汽油发动机爆炸图如图 2-5-17 所示。

(10) 序列图：多用来解释步骤的类型。它可以通过绘制、照相或模型获得，重点在于解释步骤的划分，过于简单或烦琐，对于信息的有效传递都会带来困难。一些好的序列图设计甚至没有注释文字说明，都可以让人清楚地理解。序列图如图 2-5-18 所示。

书籍信息图表设计欣赏如图 2-5-19 所示。

五、计算机图形图像 FIVE

计算机图形图像简称为 CG（computer graphic）设计。随着数字化技术的发展，计算机图形图像生成与处理软件的愈加发达。年轻一代的设计师对设计专业的学习与认识是建立在计算机应用基础上的。设计师有了这样的基础，就可以利用计算机结合自己的想象力，创作出超越现实的、全新体验的视觉要素。它可以是三维的真实模

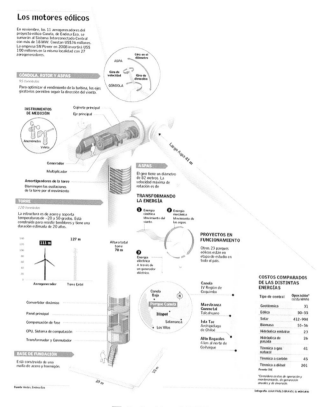

图 2-5-16　剖面图

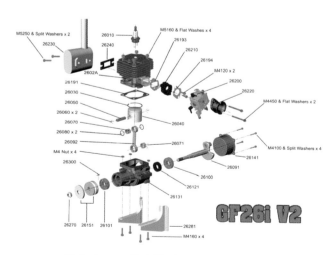

图 2-5-17　航空模型汽油发动机爆炸图

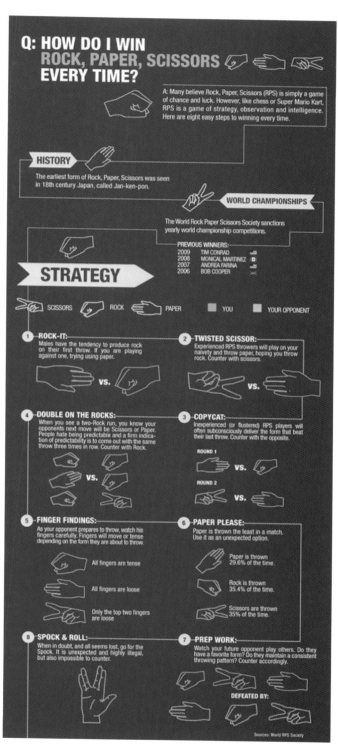

图 2-5-18　序列图

拟，也可以是梦幻般的抽象视觉。这对情境的渲染与刻画具有独特的表现优势。计算机图形图像将会具有更为广阔的发展空间。计算机图形图像如图 2-5-20 所示。

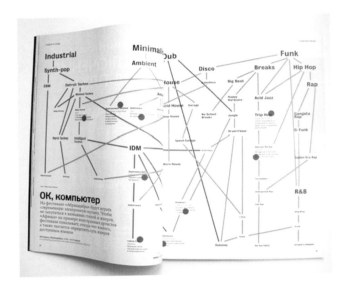

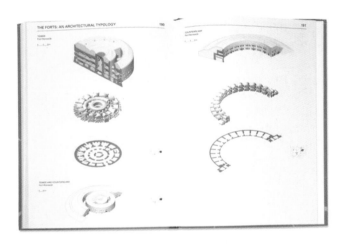

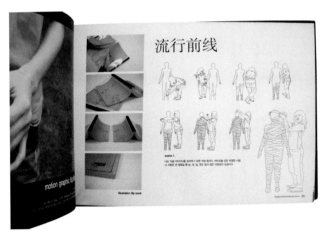

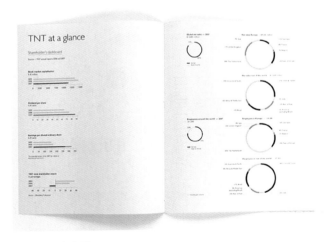

图 2-5-19　书籍信息图表设计欣赏

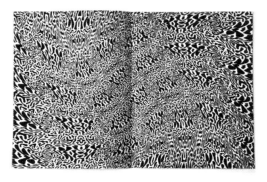

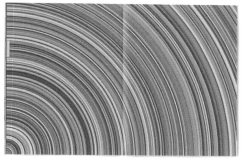

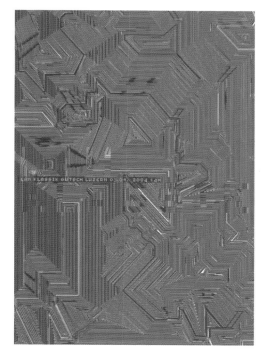

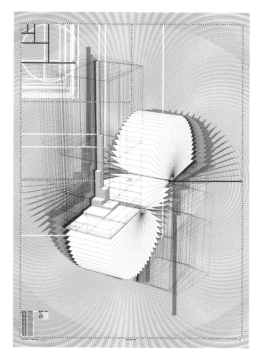

图 2-5-20　计算机图形图像

第六节

图书的信息导航 ‹‹‹

　　书籍本身的结构属于根状信息结构，比网页复杂的网状信息结构相对简单，但仍然需要信息导航设计来标示信息位置，提高阅读效率。

　　读者在选购或阅读一本从未看过的图书时，在通过图书的信息导航了解这本书整体内容后，还希望进一步了解该图书所包含的各个部分。如每个部分有哪些主要内容，以及之间的结构关系如何等。还有一种情况是读者希望在曾经阅读过的一本书中找到记忆中的信息的时候，同样可以通过图书的信息导航实现。这就要求设计者对书籍的内容设计有全局的导航规划。读者借助信息导航能够快速地查询，并进行直接阅读。书籍信息导航通常包含三个方面的内容：目录，页码和章节页。

一、目录　　　　　　　　　　　　　　　　　　　　　　　　　ONE

　　目录既是印刷商的检索目录也是读者的阅读指南。在书籍被正式装订前，目录可以更好地帮助人们整理好每一部分的顺序。

　　通常情况下，目录出现在右页，现在双跨页的目录编排也经常被使用。

　　在编排目录之前，要确保页码的顺序和章节标题已经被确定。各级标题前面可以用数字进行章节编号从而完成区分及标示，章节标题与次级标题可以通过区别化的文字、字号、颜色、位置等来形成清晰的层级。目录中通常将标题和页码两个部分对应使用，两部分的编排次序不同，倾向的重点也会有所不同。

　　在多图的版面中，有的时候不是每图一说明，而是需要设计图表目录进行信息导航。书籍目录如图2-6-1所示。

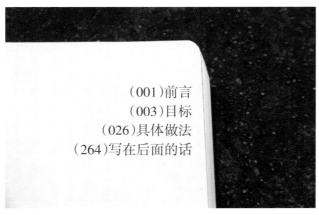

图2-6-1　书籍目录

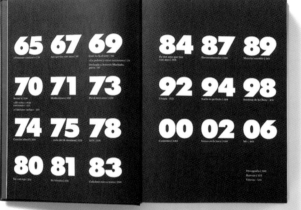

目录 BAOZHUANG SHEJI
CONTENTS

目录 SHOUHUI POP SHEJI
MULU

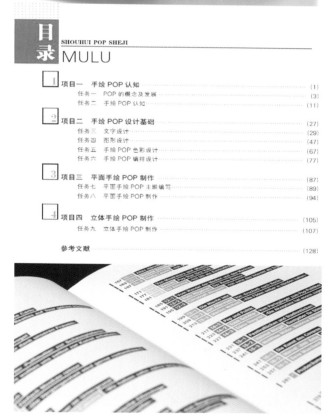

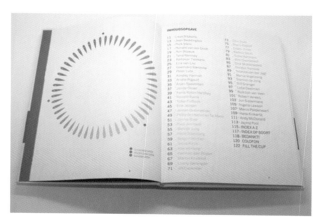

续图 2-6-1

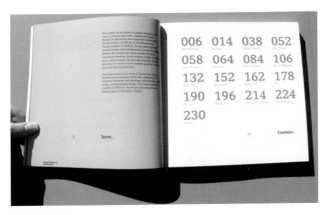

续图 2-6-1

二、页码

TWO

通常情况下，书籍的页码编排都是以正文起始页为第一页，逐页顺序编号，直到最后一页为止。页码多使用阿拉伯数字进行标注。图书的右页为正文的起始页，因此形成了书籍为左页为偶数页码，右页为奇数页码的规则。正文前的部分单独编辑页码，配用单独的数字或字母序号，多采用罗马数字或使用字母等进行标注。

现在的书籍，有的不再分为两个部分编排页码，而是将正文前部分、正文部分、正文后部分统一起来，一起编排页码，尽管有的时候正文前部分的页面中没有出现页码即暗码。

以往的书籍中，页码被标注在图书的每一页上。现在书籍的页码编排形式可谓更加多样化，根据书籍的整体风格和实际需要，页码可以放置在页面的各个位置，有的设计者只在右页标注页码，或者将两页的页码并置同放在右页上，或者将页码依照一定的方向变化，使读者在翻阅的时候产生运动感。在页码旁标注章节信息，能够帮助读者更好地了解所在的位置及章节内容。注章节信息的页码如图 2-6-2 所示，只在右页标注页码如图 2-6-3 所示，两页的页码并置在右页如图 2-6-4 所示。

图 2-6-2 注章节信息的页码

图2-6-3　只在右页标注页码

图2-6-4　两页的页码并置在右页

三、章节页　　　　　　　　　　　　　　　　　　　　　　　　　THREE

　　在书籍的编辑结构中，章节页可起到明显的分隔作用。有的书籍每一章节的内容或风格是截然不同的，为了突出每一部分的独特性，在章节的开始给出视觉上的暗示是非常有用的。通常章节页为单独的右页，或是展开的跨页，左页在翻阅过程中容易被忽略，因此，不能起到引起关注的作用。

　　在章节页中通常会出现章节标号，章节标题，副标题，章节序言，章节目录等信息。章节页设计如图2-6-5所示。

图 2-6-5 章节页设计

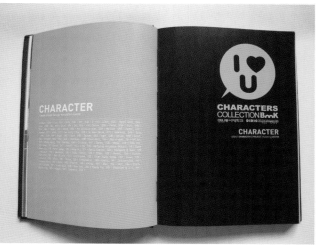

续图 2-6-5

第七节

书籍外包装设计 《《《

　　为了增加书籍的艺术气息和审美价值，或者便于将同一主题的多本书籍进行合并销售与收藏，设计师也经常会为此类需求设计出书籍的外包装。外包装的表现形式一般与书籍的整体设计风格相统一，如果有多个分册的，其风格应能够呈现各分册的总体风格或统一的主题。外包装的结构在吻合书籍内容和风格的基础上，可以是独特的、别出心裁的，也可以选择多样性的包装材质进一步营造书籍风格。

　　书籍外包装具有更宽广的表现空间，通常设计得精致、考究，且富有创意。在不强调通常成本及销售价格的前提下，可以充分利用，书籍外包装设计是提升书籍质量与品味的有效手段。书籍外包装设计如图 2-7-1 所示。

图 2-7-1　书籍外包装设计

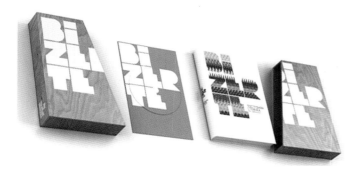

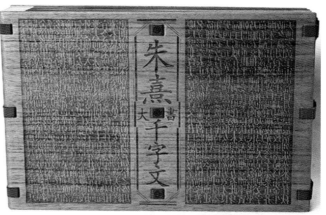

续图 2-7-1

第三章
图书的印刷、介质与工艺

S H U J I

Z HUANGZHEN

SHEJI （DIERBAN）

印刷工艺 ⟪⟪⟪

现代印刷技术的发展，出现了各种各样不同的印刷工艺，根据各工艺间的差别，又形成了多种类型的印刷方式。这些印刷方式可以归纳为两大类别，即直接印刷和间接印刷：直接印刷包括凹版印刷、凸版印刷、活版印刷、网版印刷、烙烫印刷等类型；间接印刷包括平版印刷（柯式印刷）、柔性版印刷、镭射印刷、影印、复印等类型。两类印刷的工艺不同、操作流程不同，最终的印刷品效果自然也就有所不同。作为书籍的装帧设计者，为了能够设计出具有独创特征的高水准图书，就要对各种印刷工艺熟练掌握，了解其特点、适宜性、套印精度、介质性能、套色顺序等知识，而后结合创意恰当地作出判断与选择。本部分介绍几种常用的印刷技术及其特点。

一、凹版印刷   ONE

凹版印刷也称"凹印"。顾名思义，凹版的图文部分低于版面，以不同深度凹入印版来表现原稿图像的不同层次。而没有凹进即水平于版面的部分，则是印刷品的空白部分。凹印属于直接印刷，图形图像直接从印版转移到印刷介质的上面，印版空白部分以刮墨刀刮掉表面油墨，保持清洁。凹版按图文形成的方式不同，可分为雕刻凹版和腐蚀凹版两大类。雕刻凹版最初是手工雕刻金属板，后发展为照相腐蚀版、机械雕刻凹版及更为先进的激光雕刻凹版、电子束雕刻凹版等，形状也由平板发展为弧形版，制版材料也由金属发展为塑料套筒等。

凹版印刷的印墨层较薄，所使用油墨颜色与其他印刷颜色有所区别，油墨类型与色彩标准已由美国凹版印刷协会推行。凹版印刷可复制的色域范围宽泛、色彩稳定、色调丰富、色彩还原准确、印版耐印力强，适合于大批量印刷，印刷过程可以保持高速且不间断，适用范围广泛，但印版制作工艺复杂、成本较高。

由于凹印技术的特色，加之印版的精细制作，它成为高质量、高速度、大批量印刷的首选方式，主要用于杂志、产品目录等精细出版物，以及大批量的纸质及塑料介质的精美包装的印刷，也广泛地应用于印刷钞票、邮票和有价证券等。凹版印刷示意图如图 3-1-1 所示，凹版印刷效果如图 3-1-2 所示。

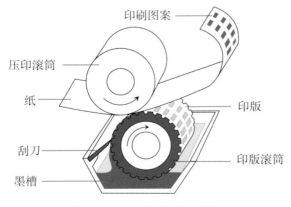

图 3-1-1 凹版印刷示意图

图 3-1-2 凹版印刷效果

二、凸版印刷　　　　　　　　　　　　　　　　　　　　　　　　　　　　　TWO

　　凸版印刷的印版恰好与凹版印刷的相反，印版上的图文部分高于版面的空白区域，印刷的时候，首先通过墨辊将油墨转移到印版上，凸起部分着墨，然后通过压力作用将其转印到印刷介质上。凸版印刷包括活版印刷与柔性版印刷两种，现在只有柔性版印刷还在广泛使用。

　　凸版印刷可以通过平压、滚压、轮转的施压作用将油墨转印到介质上。由于压力较大，墨色较为饱满，印墨的中间部分略显浅淡，纸背会有轻微的印痕，线条或网点的边缘整齐，可印刷较为粗糙的介质。色调再现性一般，适用的介质广泛，在包装、商标、报纸印刷中较多使用。凸版印刷示意图如图 3-1-3 所示，凸版印刷效果如图 3-1-4 所示。

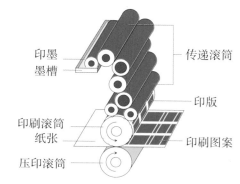

图 3-1-3　凸版印刷示意图

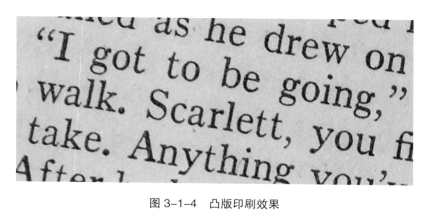

图 3-1-4　凸版印刷效果

三、柔性版印刷　　　　　　　　　　　　　　　　　　　　　　　　　　　THREE

　　柔性版印刷的专业术语为苯胺印刷，属于轮转印刷。采用柔性版，通过网纹辊及橡胶辊将流动性较强的油墨传递至印版，再利用压印滚筒施压将油墨印制到介质之上。柔性版印刷属于凸版印刷的衍生类型。柔性版印刷，印版一般采用厚度 1~5 mm 的感光树脂版。油墨分三大类，分别是水性油墨、醇溶性油墨、UV 油墨。柔性版印刷所使用的油墨健康无污染，符合绿色环保要求，加之品质的不断提升，应该成为今后快速发展的印刷技术类型。

　　柔性版印刷具有独特的灵活性和经济性特点，印刷原理简单，具有大批量生产印品的成本优势，印刷成品质量稳定，在食品、生活用品的纸质、塑料软包装、瓦楞纸包装等领域有着广泛的应用。它在西方发达国家已被证实是一种优秀、有前途的印刷方法。柔性版印刷示意图 3-1-5 所示，柔性版印刷效果如图 3-1-6 所示。

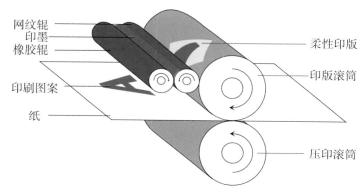

图 3-1-5　柔性版印刷示意图

图 3-1-6　柔性印刷效果

四、丝网印刷

丝网印刷常称为丝网印，属于孔版印刷类型。利用感光材料通过照相制版的方法制作丝网印版。印版上图文部分的丝网孔为通孔，印刷时通过刮板的挤压，使油墨通过通孔转移到印刷介质上，从而完成原稿图文的印刷。

丝网印刷的印墨层厚实，覆盖力强，一般可达 30 μm，印刷品质感丰富、立体感强，这是其他印刷方法所不能比拟的。可采用的油墨广泛，不受油性和水性的限制，可以采用热便油墨、荧光油墨、防伪油墨等。丝网印刷比较适于表现文字及线条明快的单色或套色原稿，适于表现反差较大、层次清晰的彩色原稿。通过丝网印刷的特殊效果，使得印制品具有丰富的表现力，通过丰富厚实的墨层和色调的明暗对比，充分表达原稿内容的质感及立体效果。丝网印版的最大密度值范围不断提升，但印刷质量仍然无法优于胶版印刷，稳定性也略差。

丝网印刷设备简单、操作便利，制版和印刷过程简易且成本低廉，可制成大幅印版，但不适合大批量生产。其最突出的特点是适应性强，应用的介质范围广泛，可以应用于纸张、塑料、金属、皮革制品等介质的印刷，也可以印制在非平面的承载物上。因此在集成电路、金属制品、玻璃器皿、纺织制品、皮革制品、版画创作、包装材料领域都有广泛应用。丝网印刷示意图如图 3-1-7 所示，丝网印刷效果如图 3-1-8 所示。

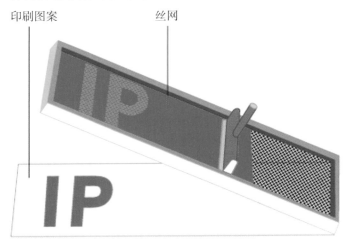

图 3-1-7　丝网印刷示意图

图 3-1-8　丝网印刷效果

五、平版印刷

平版印刷印版上的图文部分与非图文部分几乎处于同一个平面上，利用水油不相融的原理完成图文印刷。在印刷时，为了使油墨区分印版上的图文部分和非图文部分，首先由印机设备的供水装置向印版的非图文部分供水，从而保护了印版的非图文部分不受油墨的浸湿。然后，再由印机的供墨装置向印版供墨，由于印版的非图文部分受到水的保护，因此，油墨只能供到印版的图文部分。最后是将印版上的油墨转移到橡皮布上，再利用橡皮滚筒与压印滚筒之间的压力，将橡皮布上的油墨转移到介质上，从而完成一次印刷过程。因此，平版印刷是一种间接的印刷方式，其早期为使用石块磨平后制作印版，之后改良为金属锌版或铝版为版材。

平版印刷的制版工艺简便、成本低廉。套色装版准确，印版复制容易，可以承印大数量印刷。因印刷时水油的相互作用影响，色调再现力减低，缺乏鲜艳度，边缘较粗糙。平版印刷的应用范围包括海报、简介、说明书、报纸、书籍、包装、杂志、月历及其他大批量的印刷品。平版印刷示意图如图 3-1-9 所示，平版印刷效果如图 3-1-10 所示。

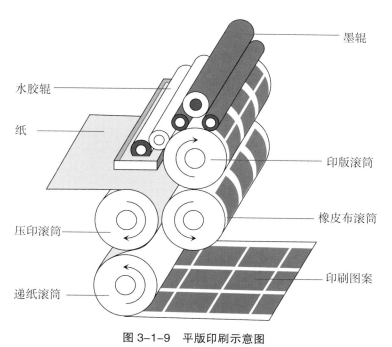

图 3-1-9 平版印刷示意图

图 3-1-10 平版印刷效果

第二节

印刷介质与装饰工艺 ≪≪≪

一、印刷介质——纸张 ONE

　　纸张是图书印制所使用的最为广泛的介质，也是图书的主要构成材料。高质量的纸张选用，可以突显图书的质感。不同类型的书籍、不同的加工工艺，或者书籍的不同构成部分都需要不同类型纸张的选用，因此作为书籍设计者，关注和掌握不同类型纸张的相关信息是必要的，它可以帮助设计者更好地表现书籍的内容及整体风格，完成精良的书籍设计。

　　1. 印刷纸张要素

　　纸张的种类很多，有道林纸、新闻纸、胶版纸、铜版纸、字典纸、拷贝纸、再生纸等。在书籍设计选择纸张的时候，综合考虑纸张的各项要素，根据不同书籍的具体特点，合理地选择和使用纸张，确定所需纸张的品种、规格与风格，并根据出版计划准确计算所需纸张数量，对于保证出版物的质量和降低出版物的成本均有着十分重要的意义，是书籍设计的重要基础环节。下面对纸张的要素概念进行阐述。

1）定量

纸张的定量是以单位面积纸张的重量计量，即以每平方米的克数来表示，这个定量值作为纸张计量的基本依据。印刷纸张的定量，最低为 25 g/m²，最高为 250 g/m²。在技术方面，定量是进行各种性能鉴定（如强度、不透明度）的基本条件。在实用方面，定量是决定单位重量所具有的使用面积的根本因素。纸张的定量尽管允许有一定的误差，但必须严格控制误差的限度。

书籍印制的通常情况是在能够满足印刷和使用要求的前提下，应尽量选择定量较小的纸张，这样可以降低出版物的成本及减少成书的重量。

2）令重

一令纸的重量叫做该种纸的令重，500 张完全相同的纸页叫做一令，令重以"kg"为单位。通常所说的平板纸的令重，并不是该纸张的实际重量，而是按该品种纸的标准定量推算出来的重量。计算令重的方法是用每令纸的面积乘以该种纸的标准定量。

$$令重（kg）= 纸张的长（m）× 宽（m）× 500 × \left[标准定量（g/m²）/1\,000\right]$$

用公式表示为

$$Q（令重）= 0.5A（长）× B（宽）× M（标准定量）$$

如 787 mm × 1 092 mm 规格的 60 g/m² 的胶印书刊纸，其令重为

$$Q = 0.5 × 0.787 × 1.092 × 60\,kg = 25.78\,kg$$

3）厚度

厚度是在规定的一定面积、一定压力的条件下所测得纸的两个表面之间的垂直距离。纸的厚度与纸的基本规格没有直接关系，但对印刷品的使用者和出版者来说，厚度却是一个十分重要的质量指标。

厚度与定量有着密切的关系，厚度大的纸一般定量也比较高。但两者之间也不是简单的正比关系，即有的厚度小的纸反而比厚度大的纸定量高，厚度与定量的关系反应了纸张的紧密度的特性。

4）白度

出版印刷所使用的纸张绝大多数都是白色的，白度就是指纸张表面的白色程度，以白色含量的百分率表示。测定物质的白度通常以氧化镁为标准白度100%，并定它为标准反射率100%，以蓝光照射氧化镁标准板表面的反射率来表示试样的蓝光白度，用红、绿、蓝三种滤色片或三种光源测出三个数值，平均值为三色光白度。反射率越高，白度越高，反之亦然。测定白度的仪器有多种，主要是光电白度计，各仪器的测定标准不完全相同。习惯上把白度的单位"%"作为"度"的同义词，如一般使用的新闻纸的白度为55%～70%(或表示为 55～70 度)。

白色纸张能够更加真实、客观地反映出印刷图文的全部色彩，提高文字的反差和清晰度，使印刷品色彩鲜艳，达到图文并茂的效果。纸张白度越高，这种效果越显著。然而白度过高，也会产生较强的反射光线，对视觉神经刺激过强，易引起视觉疲劳，因而印刷纸张并不是白度越高越好。印刷纸张不是绝对地追求白度，有的时候存在一定的偏色现象，如有的偏蓝、有的偏红，视觉判断的时候反而会显得更白些。

5）平滑度

平滑度是评价纸或纸板表面凸凹程度特性的一个指标，对印刷用纸非常重要，它影响到印刷油墨的均一转移。纸或纸板的平滑度受纤维形态、纸浆打浆度、造纸用网和毛毯的织造方法、施压的压力以及有无压光、加填和涂布等因素的影响。平滑度差的纸张，印刷后可能出现网点印刷不实，色泽发暗、发虚现象。

目前常用的测量纸张平滑度的仪器为别克式平滑度仪。其原理是，在一定真空度下，使一定容积的空气量在一定压力下通过试样表面和玻璃面之间的间隙所需的时间，常以 s 表示。纸张表面平滑度高，空气流过的时间就长；反之，平滑度低，空气流过的时间就短。

选择高平滑度的印刷纸张，细小网点能够更为忠实地再现。平滑度高的纸张在印刷实地满版的时候应注意防

止背面粘脏。若纸张的平滑度低，就应该加大印刷压力和油墨量。

6）不透明度

不透明度是对介质吸收辐射的能力的量度，等于入射辐射强度与出射辐射强度之比。印刷纸张不透明度值的高低，直接影响印刷品的透印情况，特别是双面印刷的时候，需要有足够的不透明度，否则容易发生"透印"的状况。

7）光泽度

光泽度是指用数字表示的物体表面接近镜面的程度。印刷品的光泽度与纸张镜面反射特性密切相关。纸张的印刷光泽度是指在特定的条件下用标准亮光油墨在纸张试样上进行实地印刷，干燥后测定印迹区域的光泽度，以百分数来表示。一般纸张光泽度高，印刷品的光泽度则高，印刷品的图文层次鲜明，色彩鲜艳。如铜版纸光泽度和印刷光泽度最低要求分别在 60% 和 88% 以上。

8）尺寸

印刷纸的大小和形状是由长、宽尺寸决定的。其长、宽尺寸是依据印刷品的开法和印版的要求由国家主管部门规定的。卷筒印刷纸只规定了其宽度（或长度），印张的长度（或宽度）则在印刷机上切出，所以卷筒纸尺寸与平板纸尺寸的实质是一致的，只不过形式不同罢了。

卷筒纸的宽度尺寸（单位：mm）如下：1 575，1 562，1 400，1 092，1 280，1 000，1 230，900，880，787。

平板纸幅面尺寸（单位：mm）如下：1 000×1 400M、1 000M×1 400、900×1 280M、900M×1 280、880×1 230M、880M×1 230、787×1 092M、1 092M×787。

带 M 的数字表示纸的纵向尺寸；卷筒纸宽度的允许误差为 ±3 mm，平板纸幅面尺寸的允许误差为 3 mm；在本标准中尽管没有 850×1 168 这一规格，但目前在实际使用中这一规格应用得还比较普遍。

2. 合理选择纸张

纸张材料在图书的印制成本中占有很大比重，占 40% 以上。因此，合理地选用纸张材料是降低图书成本的一个重要方面。下面列举一些通常状况下所选用的纸张定量，仅供参考，设计者在实际设计的过程中，还要根据图书特点作出正确的判断、选择。

普通图书，如文件汇编、学习材料、文艺性读物等，平装本用 52 g/m² 凸版纸就可以了，精装本可选用 60 g/m² 或 70 g/m² 胶版纸。歌曲、幼儿读物单色印制可用 60 g/m² 纸，彩色印制时可用 80 g/m² 胶版纸。

教科书一般都采用 49～60 g/m² 凸版纸。工具书平装本用 52 g/m² 凸版纸，精装本可选用 40 g/m² 字典纸，一般技术标准可用 80～120 g/m² 胶版纸。

图片及画册一般用 80～120 g/m² 胶版纸，或者 100～128 g/m² 铜版纸，可根据图片及画册的精印程度、开本大小来选用胶版纸或铜版纸及定量。年画、宣传画一般用 50～80 g/m² 单面胶版纸，连环画用 52～50 g/m² 凸版纸，高级精致小图片用 256 g/m² 玻璃卡纸。

杂志一般用 52～80 g/m² 纸，单色一般用 60 g/m² 书写纸或胶版纸，彩色一般用 80 g/m² 双胶纸。

图书杂志的封面、插页和衬页：内芯在 200 页以内一般用 100～150 g/m² 纸，200 页以上用 120～180 g/m² 纸；插页用 80～150 g/m² 纸；衬页根据书的厚薄一般在 80～150 g/m² 之间选用。

要强调的一点是，同一品种的纸，定量越大，价格越高，正文纸的定量增大，书脊厚度也随之加厚，有时还须调整封面纸的定量与开数，从而会产生一连串的连带关系，往往会增加纸张成本。但是，降低用纸的定量，不是说可以不顾出版效果偷工减料、粗制滥造。如用普通纸印制较为精细的网线版，会使版面模糊，全部无效，造成浪费。又如普通读物可选用新闻纸，而要长期保存的书籍就不能用易于风化的新闻纸。总之，应在不影响印刷效果及质量的条件下，来进行印刷用纸的合理选择。

二、图书印制的其他材料　　　　　　　　　　　TWO

一本优质图书的印制过程中，除了纸张介质的要素以外，还与其他材料要素紧密关联，如油墨、封面材料、装订材料、黏结材料等。特别是现代的装订材料种类丰富多样。

1. 油墨

油墨是由有色体（如颜料、染料等）、黏结材料、填充料、附加料等物质组成的均匀混合物，能进行印刷，并在被印刷介质上干燥，是有颜色、具有一定流动度的浆状胶黏体。因此，颜色（色相）、身骨（稀稠、流动度等流变性能）和干燥性能是油墨的三个最重要的属性。黏度、屈负值、触变性、流动性、干燥性等都决定着油墨的性能。

随着印刷技术的发展，油墨的品种不断增加，分类的方法也很多。如果按照印刷方式来分类，这样对于设计者比较容易理解，可以分为以下五种。

（1）凸版印刷油墨：书刊黑墨，轮转黑墨，彩色凸版油墨等。

（2）平版印刷油墨：胶印亮光树脂油墨，胶印轮转油墨等。

（3）凹版印刷油墨：照相凹版油墨，雕刻凹版油墨等。

（4）孔版印刷油墨：誊写版油墨，丝网版油墨等。

（5）特种印刷油墨：发泡油墨，磁性油墨，荧光油墨，导电性油墨等。

设计者不一定是油墨方面的专家，但是对于油墨的功能、特性应有所了解，实践中要能够正确地选用油墨，这是非常有意义的。

2. 封面材料

书籍的直观感性价值，与封面材料的优劣直接相关联，因而封面材料非常重要。特别是精装图书的封面材料，在图书印制中占有十分重要的地位，材料的选择甚至会直接关系到一本图书的最终效果。俗语"货卖一张皮"表明的就是这个道理。

封面设计得好，能增加图书成品对读者的吸引力，反之，就会影响图书在市场上的地位。从图书的营销环节来看，封面的材料质感会比书籍内容具有更重要的作用。现代书籍印制加工对封面材料的要求较过去有了很大的发展，原来的精装封面大部分只用纸张和漆涂布等材料，现在可以有很多的选择，有PVC涂布料、树脂浸渍花纹纸料、浸渍加涂布花纹纸料、织品、树脂胶复合材料、真皮、纺织品等十多个种类。各种封面材料如图3-2-1所示。

封面材料的种类增多，可选择的材料范围增大，拓展了书籍设计者的思路与表现手段，为书籍设计的提升与发展奠定了基础。

3. 环衬材料

精装书过去几十年沿用的环衬材料是胶版纸和部分铜版纸，这些纸张用于环衬，吸湿性强，扫衬后环衬及书芯易出皱褶。现在大部分精装书都选用树脂浸渍过的花纹纸作环衬纸。这种纸张由于进行了树脂浸泡加工，纸的强度、牢度加大，吸湿性降低，且品种、花纹、颜色有上百种之多，可以任意挑选，是现代最为理想的环衬材料。

4. 黏结材料

随着装帧材料的变化，原来植物类的面粉糨糊与动物类的骨胶等已远远不能适应一代新型装帧材料的黏结。近几年，随着化学工业的发展及装帧材料增多的需要，黏结材料由动、植物类转换为人工合成树脂类。如黏结纸张、纸板等的聚醋酸乙烯乳胶（PVAC）、聚乙烯醇（PVA）、107号胶等，黏结PVAC与纸张的醋酸乙烯－乙烯乳液（VAE）、黏结薄膜纸张的纸型复合胶黏剂（丙烯酸脂和苯乙烯共聚物），高温熔融的热熔胶（EVA）等，均为现代各种装帧材料的黏结提供了广泛的选择，书籍装订加工中再也不会因黏结剂不合适而出现各种装订质量问题。

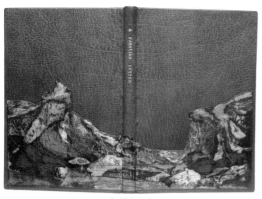

皮革材质

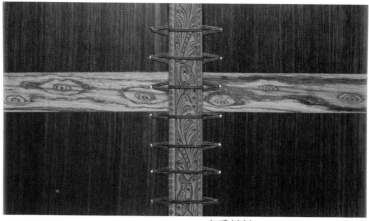

木质材料

皮革材质

木质材料

丝带编制

复合材料

织品材质

织品材质

树脂胶复合材料

树脂胶复合材料

图 3-2-1　各种封面材料

三、装饰工艺 　　　　　　　　　　　　　　　　　　　　　　　　　　　THREE

　　在图书的设计制作过程中，有很多装饰工艺可以作为设计师表现设计创意的手段。装饰工艺的使用，必然要为书籍真正地起到"增值"作用，其优势主要体现在：丰富表现力、强化冲击力、突出差异性、拓展设计思路。优秀的装饰工艺需要具备以下四个基本条件：设计富有创意、适合印刷载体、精准的印刷色彩、精致的加工工艺。

　　书籍的装饰，主要是指完成印刷以后的一系列的加工工序。装饰工艺主要包括：凹凸压印、烫印、上光、覆膜、模切与压痕、激光雕刻等。

1. 凹凸压印

　　凹凸压印就是利用预制好的雕刻模板，将压力作用于介质表面，形成高于或低于纸张平面的立体效果。凹凸压印又称凹凸压纹，其中从介质背面施加压力让表面膨起的工艺称为起凸，从纸张正面施加压力让表面凹下的工艺则称为压凹。这是书籍装帧中常见的技术，可以起到强调局部的作用。

　　凹凸压印的种类有很多：素起凸，起凸区域及周围没有任何印刷图案，对纸张的要求由具体设计而定，但颜色浅、纤维长而韧度高的纸张更为适合；篆铭凸，印刷时留下空白区域，印后再起凸，模板应略小于平面设计图，要求严格对位；肌理凸，根据图形的肌理和质感，与其他多种印刷技术结合，可以制作出类似油画的印刷效果；版刻凸，突出面为立体平面结构，使图形整体浮出，起凸高度依具体需要而定；多重凸，采用激光雕刻，可以形成多重层次的起伏，上下落差较大；烫金凸，采用浮雕烫金版制作方法，起凸与烫金一次完成，等等。凹凸压印效果如图 3-2-2 所示。

图 3-2-2　凹凸压印效果

2. 烫印

　　烫印也可称为"烫金"、"烫金箔"，是唯一能够在纸张、塑料、纸板和其他印刷介质表面上产生光亮，且不会变色的金属效果的印刷工艺，这是一种重要的金属效果表面装饰方法。烫印的主要方式包括热烫印和冷烫印两种，在实际应用中，应根据具体情况，充分考虑成本与质量，判断选用适合的烫印方式。烫金模板的原理与凹凸版相同，需要精细加工，通常采用腐蚀或激光雕刻的方法加工，制作费用通常以 cm^2 计价。

　　烫印工艺不能产生凸起的图像，但是当它和凹凸技术结合运用的时候，称为"立体烫金"或"混合烫金"。当凸印技术和金箔、银、铂金、青铜、黄铜、紫铜等金属一起使用的时候，压印表面就呈现具有光泽的金属凸起图像。烫印效果如图 3-2-3 所示。

3. 上光

　　上光是指在印刷品表面涂上或印上一层无色透明的油墨或原料（俗称"上光油"），经过干燥甚至压光处理后，增加了印刷品的表面光泽度和平滑度，并能够提高印刷品表面耐磨性，起到保护作用。

图 3-2-3 烫印效果

　　UV 上光是广泛使用的上光方式。分为全幅面上光和局部上光（在印刷品某一特定位置上光）两类。根据上光效果，还可分为高光型与亚光型，还有冰花、磨砂、折光、发泡、皱纹、凸字、宝石等，光油可供再次艺术加工。UV 上光可改善封面装潢效果，尤其是局部 UV 上光，通过高光画面与普通画面间的强烈对比，能产生理想的艺术效果。UV 上光具有传统上光和覆膜工艺无法比拟的优势：无污染、固化时间短、上光速度快、光泽度高、质量稳定、成本适中、效率高。

　　水性光油已成为上光技术的主流。经水性光油处理过的纸张表面不管有无光泽，都可以进行再次处理，可以展开局部上光、烫金、扫金、压凹凸等整饰加工工作。UV 上光效果如图 3-2-4 所示。

　　4. 覆膜

　　覆膜，也称"贴膜"、"贴塑"或"过塑"，就是将一面涂有黏合剂的透明塑料薄膜（厚 0.012~0.020 mm）通过热压复合在图书封面上以满足耐摩擦、耐潮湿、耐光、防水和防污染的要求，提高印刷品的强度、挺度，并增加光泽度。覆膜材料有高光型和亚光型两种。高光型薄膜可使书籍封面光彩夺目、富丽堂皇；而亚光型薄膜则使封面显得古朴、典雅。但由于有些薄膜材料不可降解，限制了它的使用。常用的薄膜有：尼龙（nylon）、聚丙烯（polypropylenes）、聚酯（polyester）等。覆膜后的印刷品可以再次进行表面整饰加工，比较常见的有：UV 上光、烫印电化铝、凹凸压印和其他丝网印工艺等。

　　要注意的是，大面积且较厚的墨层，以及表面粗糙、质地松弛的特种纸，不宜使用覆膜工艺，因为容易产生起泡、脱层的不良状况。

图 3-2-4 UV 上光效果

　　5. 模切与压痕

　　模切是印刷品后期加工的一种裁切工艺。模切工艺可以把印刷品或其他纸制品按照事先设计好的图形，通过制成的钢制模切刀版进行冲裁切，从而使印刷品的形状不再局限于直边直角。

　　把特定纸张或其他介质按照设计要求，在装有钢线模板的机器上进行加工，介质表面在压力作用下印出或深或浅的钢线痕迹，便于介质进行弯折处理，折叠后形成一定形式的结构或形状，这种工艺称为压痕。

　　模切与压痕的形状根据设计图形可以千变万化，除了丰富造型、更为美观外，也可以满足功能性要求。常用的种类：平切，最普通的模切类型；切边，从单边到四边都有，可以对装订成型的书籍进行异形加工；反痕切，模切后纸张反折回来，压痕边线特别留下模切造型；手撕线，是一种一次性的便利开启方式；连线痕，如有需要很容易沿线痕将介质分为两部分；双折线，折痕有单线痕、双线痕、正反折痕，较薄纸张用单线痕，较厚的纸张要使用双线痕，多折及正反折痕等常用于拉页。

如图 3-2-5 所示，《用镜头亲吻西藏》一书直接对封面及正文进行模切，挖了四个大小不一的同心圆，以此表示不同景深的镜头。

图 3-2-5 《用镜头亲吻西藏》

6. 激光雕刻

激光雕刻是激光加工技术运用于替代机械切割加工领域的俗称。利用激光光束与物质相互作用的特性对材料进行切割、打孔、打标、画线、影雕等加工。激光雕刻适合的介质材料非常广泛，包括纸张、皮革、木材、塑料、有机玻璃、金属板、石材等。它可以在书籍整饰领域灵活应用，能够达到其他工艺技术所无法达到的效果。激光雕刻可以进行镂空、半雕、定点雕刻等的加工。激光雕刻效果如图 3-2-6 所示。

7. 其他特殊工艺

为了突出表现书籍创意设计的效果，还有很多其他的特殊装饰工艺可供设计者使用。从印刷材料选用和制作工艺角度来看，特殊工艺实际上涵盖了印刷品从设计到成品的各个阶段。常见的特殊装饰工艺主要有：金卡纸磨砂、彩葱粉、珠光效果、植绒工艺、全息防伪技术、热敏凸字、变色油墨，以及多重工艺复合等（见图3-2-7）。

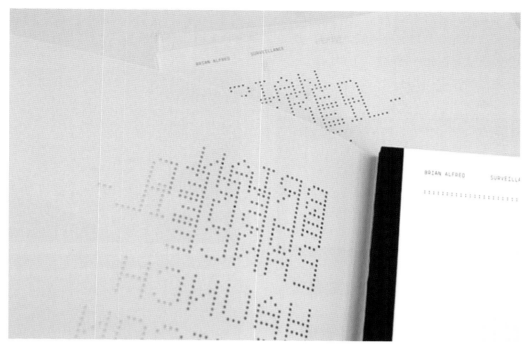

图 3-2-6　激光雕刻效果

图 3-2-7　多重工艺复合

四、切口设计　　　　　　　　　　　　　　　　　　　　　FOUR

　　封面、封底及书脊部分，已经被设计者不断地"开发"，较长时间不被考虑却具有独特特征的切口部分逐渐也被纳入设计者的视线中。在切口面印刷色彩（如：烫金边等）已不足为奇，在线装书书底部印上卷名也已平常，一些词典还在切口冲孔以印字母索引（拇指索引），以便查阅，或者将书角切成圆弧状等。更有一些设计者别出心裁地在切口进行设计、印刷，翻阅时，切口可呈现出变化的动态图文。切口设计如图 3-2-8 所示。

吕敬人先生设计的《梅兰芳全传》一书（见图3-2-9），读者通过不同方向的翻动书的切口能够清晰地看到两个不同的人物形象，从而令读者充分地领悟到梅兰芳一生中两个不同的舞台。在翻动书页的过程中，不仅让读者感受趣味性，更能让读者深刻地理解深刻的内涵。

切口设计欣赏如图3-2-10所示。

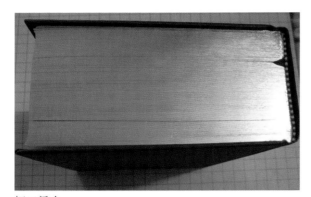

切口烫金

彩色切口

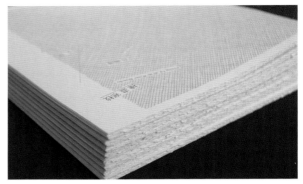

切口索引　　　图 3-2-8　切口设计

图 3-2-9　《梅兰芳全传》切口设计　　　　　图 3-2-10　切口设计欣赏

第四章
图书设计的发展趋势

S HUJI

Z HUANGZHEN

S HE J I （DIERBAN）

第一节

电 子 书 《《《

一、电子图书和在线图书 ONE

谈及电子出版物我们并不陌生，似乎觉得这种图书的出现也并不遥远。事实上早在 1961 年，美国化学文献社已经开始利用计算机编制化学题录，利用照相排版生产印刷型版本。在 1967 年将照相排版的磁带作为电子型版本，可以通过计算机进行阅读，这被认为是最早的电子出版物。1969 年，美国国会图书馆发行了 MARC 磁带，《医学文摘》、《生物文摘》也相继有了电子型版本。发展到 20 世纪 80 年代，世界上的电子出版物以英语类内容的为多。

电子出版物是以数字编码形式存储于可用计算机读写的磁性介质上的文献信息记录载体，又称为机读型文献或电子数据库。中华人民共和国新闻出版总署在 2008 年颁布的《电子出版物出版管理规定》中将电子出版物作了明确定义：以数字代码方式，将有知识性、思想性内容的信息编辑加工后存储在固定物理形态的磁、光、电等介质上，通过电子阅读、显示、播放设备读取使用的大众传播媒体，包括只读光盘（CD-ROM、DVD-ROM 等）、一次写入光盘(CD-R、DVD-R 等)、可擦写光盘(CD-RW、DVD-RW 等)、软磁盘、硬磁盘、集成电路卡，以及国家新闻出版广电总局认定的其他媒体形态。

数字技术的出现与发展，对于图书的影响，如同纸张与印刷技术的出现一样，具有重要的意义，使图书的发展又一次迎来了机遇与挑战。电子出版物的出现比起传统纸质印刷书籍具有鲜明的优势：信息量大、承载信息类型丰富，传播范围广，具有良好的交互性、易分类检索、可靠性强、制作发行成本低、环保等。由于基于计算机数字技术制作和阅读，电子出版物的设计制作过程，要使用各类计算机软件程序的技术支持来完成，图书的发展掀起了新一轮的技术融入。

图 4-1-1　电子书的阅读软件

1.　电子书的构成要素

（1）电子书主要是以特殊的格式制作而成的，可在有线或无线网络上传播的图书，一般由专门的网站组织。

（2）电子书的阅读器包括桌面上的个人计算机，个人手持数字设备，专门的电子设备，如"翰林电子书"等。

（3）电子书的阅读软件，如 Adobe 公司的 Acrobat Reader，超星公司的 SSReader，Foxit Reader 等，如图 4-1-1 所示。可以看出，无论是电子书的内容、阅读设备，还是电子书的阅读软件，甚至是网络出版都被冠以电子书的头衔。

2.　电子书的功能

采用电子书的形式可以订阅众多电子期刊、书和文档，从网上自动下载所订阅的最新新闻和期刊，显示整页文本和图形，并通过搜索、注释和超链接等增强阅读体验，采用翻页系统，类似于纸制书的翻页，可随时把网上电子图书下载到电子阅读器上，也可以购买的书和文档储存到电子阅读器上。电子书是传统的印刷书籍的电子版，可以使用个人计算机或用电子书阅读器进行阅读。它流行的原因就是因为电子书允许进行类似纸张书本的操作——读者可以在某页做书签，记笔记，对某一段进行反选，并且保存所选的文章。

3.　电子书的格式

电子书主要是用在电子设备上阅读的。电子书格式是对使用电子书时的文件编码方式，文件结构的一种约定，便于区分。不同的文件要用不同的方法去读，去显示，去写，去打开或运行。所以根据电子设备的不同，主要将电子书分为：PC 电子书格式和手机电子书格式。PC 电子书格式包括 EXE、TXT、HTML、HLP 等，手机电子书格式包括 UMD、JAR 等。

1）PC 格式

（1）EXE 格式。

EXE 格式不需要安装专门的阅读器，下载后就可以直接打开。单击目录可以直接打开所需的内容，而 PDF 需要一页一页翻。

（2）TXT 格式。

TXT 格式在计算机上是记事本的扩展名。这种现在普遍应该到电子产品中，现在最常见的就是 TXT 小说，不仅方便的在计算机上打开，而且可以下载到的 MP3 和手机中，现在网上 TXT 小说网站也很多，比如著名的飘零书社就是专业的 TXT 格式小说下载网站，可以很方便地下载到手机或 MP3 中，省去很多购买书的费用。

（3）HTML 格式。

HTML 格式是网页格式，可用网页浏览器直接打开。

（4）HLP 格式。

HLP 格式是帮助文件格式，在 Windows 上可直接打开，一般在程序中按 F1 可以打开。

（5）CHM 格式。

CHM 格式同 HLP 文件格式一样，也是帮助文件，但其支持多种视音频格式，让电子书显得更加生动美观。

（6）LIT 格式。

LIT 格式微软的文件格式，需下载 Microsoft Reader 软件来阅读。

（7）PDF 格式。

PDF 格式是 Adobe 公司开发的电子读物文件格式，是目前使用最普及的电子书格式。它可以真实地反映出原文档中的格式、字体、版式和图片，并能确保文档，打印出来的效果不失真。

（8）WDL 格式。

WDL 格式是北京华康公司的文件格式，使用也很普遍。用 DynaDoc 免费阅读软件即可打开 WDL 和 WDF 格式。

（9）CEB 格式。

CEB 格式是由北大方正公司独立开发的电子书格式。由于在文档转换过程中采用了"高保真"技术，从而可以使 CEB 格式的电子书最大限度地保持原来的样式。

（10）ABM 格式。

ABM 格式一种全新的数码出版物格式。这种格式最大的优点就是能把文字内容与图片、音频甚至是视频动画结合为一个有机的整体。在阅读时，能带来视觉、听觉上全方位的享受。

（11）PDG 格式。

超星公司把书籍经过扫描后存储为 PDG 数字格式，存放在超星数字图书馆中。如果要想阅读这些图书，必须使用超星阅览器(Superstar Reader)，把阅览器安装完成后，打开超星阅览器，点击"资源"，就可以看到按照不同科目划分的图书分类，展开分类后，每一本具体的书就呈现在人们面前了。

（12）EPUB 格式。

EPUB 格式是可重排版（reflowable 直译可回流）的基于 XML 格式的电子书或其他数字出版物，是数字出版业商业和标准协会 International Digital Publishing Forum (IDPF) 制定的标准。IDPF 于 2007 年 10 月正式采用 EPUB，随后被主流出版商和设备生产商迅速采用。有各种开放源代码或者商业的阅读软件支持几乎所有的主流操作系统。像 Sony PRS 之类的 e-ink 设备或 Apple iPhone 之类的小型设备上都能阅读 EPUB 格式的电子出版物。

（13）CAJ 格式。

CAJ 格式为中国学术期刊全文数据库英文缩写（China Academic Journals）；CAJ 是中国学术期刊全文数据库中文件的一种格式。可以使用 CAJ 全文浏览器来阅读。CAJ 全文浏览器是中国期刊网的专用全文格式阅读器，它支持中国期刊网的 CAJ、NH、KDH 和 PDF 格式文件。它可以在线阅读中国期刊网的原文，也可以阅读下载到本地硬盘的中国期刊网全文。它的打印效果可以达到与原版显示一致的程度。CAJViewer 又称为 CAJ 浏览器或称 caj 阅读器，由同方知网（北京）技术有限公司开发，用于阅读和编辑 CNKI 系列数据库文献的专用浏览器。CNKI 一直以市场需求为导向，每一版本的 CAJViewer 都是经过长期需求调查，充分吸取市场上各种同类主流产品的优点研究设计而成。CAJViewer 自 2003 年发展至今主要推出 5.5、6.0、7.0 三个版本。经过几年的发展，它的功能不断完善、性能不断提高，它兼容 CNKI 格式和 PDF 格式文档，可不需下载直接在线阅读原文，也可以阅读下载后的 CNKI 系列文献全文，并且它的打印效果与原版的效果一致，逐渐成为人们查阅学术文献不可或缺的阅读工具。

2）手机格式

目前主流的手机电子书文件格式有 UMD、WMLC、JAVA（包括 JAR，JAD）、TXT、BRM 等几种格式。

（1）UMD 格式。

UMD 格式原先为诺基亚手机操作系统支持的一种电子书的格式，阅读该格式的电子书需要在手机上安装相关的软件。不过现在的很多 java 手机下载阅读软件后也可以看。

（2）JAR 格式。

JAR 格式以流行的 ZIP 文件格式为基础。与 ZIP 文件不同的是，JAR 文件不仅用于压缩和发布，而且还用于部署和封装库、组件和插件程序，并可被像编译器和 JVM 这样的工具直接使用。在 JAR 中包含特殊的文件，如 manifests 和部署描述符，用来指示工具如何处理特定的 JAR。

（3）WMLC 格式。

制作 WMLC 格式的电子书可以利用手机工作室软件来实现。

3）其他形式

可供阅读电子书的平台将越来越多样化，除了现有的计算机、PDA、手机、电子书阅读机外，电视、手表、冰箱也都有可能成为其平台。

正是因为电子图书是基于数字技术制作的图书，使得利用互联网作为出版媒介的在线出版成为可能。在线图书将上述的优势进一步强化，发行的速度更快、超越地域范围与时间的限制、反馈及修订迅速，更为有利的是可以开发各种形式的增值服务。电子书如图 4-1-2 所示。

在线图书在设计制作的时候，需要设计师了解图书整体的发展特征及所具有的优势和特点，掌握计算机多媒体技术、网络技术等。在初期发展阶段可能出现了受技术影响和制约的状况，但随着设计师技术层面的不断进步，以及数字书籍专门设计师的出现，技术的瓶颈会逐步消除，使得设计师的创作活动有了更多的创意和表现的可能。在线图书如图 4-1-3 所示，电子书阅读器如图 4-1-4 所示。

图 4-1-2　电子书

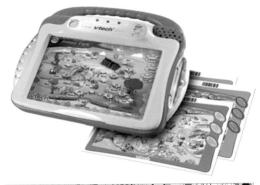

图 4-1-3　在线图书

图 4-1-4　电子书阅读器

二、交互图书　　　　　　　　　　　　　　　　　　　　　TWO

电子图书通常需要通过计算机界面来与读者进行交流，这就涉及交互的概念。

广义的交互概念包含了所有的对象间、对象与物体间的相互作用的关系与行为。比如：消费者到一个商店里购物，营业员回答消费者的询问，取放物品、进行介绍，包括结账、找零钱等行为都属于交互过程。而将交互的概念作为学科进行研究，始于 20 世纪 80 年代。交互概念由 IDEO 创始人比尔·莫格里奇提出，而后经过了不断完善。交互概念为：特指用户与计算机程序，以及环境之间的相互作用，包含它们之间系统功能与行为间的逻辑关系。

交互性是数字技术最具代表性，也是最具开发魅力的优势和特征。对于交互性的研究广泛融合了认知科学、计算机科学、可用性及工程学等学科的理论和技术。它是一个具有独特方法和实践的综合体，而不只是部分的叠加，需要制订具体的策略来解决如何令用户更自由地获得并使用所需信息，以及获取大量的关联信息等。在满足可用性和适用性的基础上，能够获得读者的喜好是交互设计需要解决的核心问题。

交互设计的应用体现在交互书籍设计中，通常表现为交互图书将读者与书籍信息之间单纯的阅读行为变得更加丰富，也更加有效，令读者获得新的阅读体验。为此，设计者可以围绕以下四个方面进行思考。

1. 内容与功能形式多样

在保证功能逻辑流转的基础上，尝试更为多样性的创意类型设计。如：设计动态的导航按钮与相应样式，可以播放声音或拥有朗读的功能等。

2. 整个阅读的过程更为自由

有效地拓展交互逻辑，使读者获得更多、更自由的辅助功能。如：设计各种检索的标签，轻松随意地找到所需内容；在需要的时候，提供对阅读内容的标记、存储、调取等功能；提供阅读内容的局部放大、更换色彩的功能等。

3. 阅读行为可以得到有效的延伸

设计新的交互类型，将阅读行为有效地延伸。如：读者在阅读过程中产生的感想，形成的观念，或者对某一知识点进行深入了解的时候，能够提供与其他读者进行交流讨论的平台；提供多出处信息比对的平台等。

4. 实用性的增值服务内容

基于数字平台的可拓展性，与其他相关功能进行有效的连接。如：在交互图书设计的时候可以考虑巧妙链接商业广告、商业销售等功能的服务。

要强调的是，交互设计的发展已经从解决简单或复杂的功能逻辑中剥离，提升到了关注用户体验的层面。当然，其中也包含了美学问题。交互图书的设计可以理解为是探索引导读者阅读的模式。

至此，封面设计及版式设计，又被赋予了新的要素，即交互设计。某种意义上讲，交互图书已经与网页的界面设计有了很多相通之处。同时也全面地发展了图书的信息导航的内容，为读者千方百计地提供与图书信息的交互形式，这些都成为书籍设计者所要考虑的内容。在充分考虑交互要素的前提下，施展创意和美学的特长，设计出更具魅力的图书。

三、增强现实图书　　　　　　　　　　THREE

增强现实技术（augmented reality，AR）是指将计算机呈现的虚拟图像及数据叠加在真实世界的物体上，以增强人们对真实环境的理解与体验。增强现实技术尚无统一的定义和标准，是集合了三维显示技术、交互技术及传感技术的融合应用。增强现实提供了一般情况下，不同于人类可以感知的信息类型。它可以广泛应用于未来的新产品研发、模拟训练、数字模型可视化、娱乐与艺术等领域，很多科幻电影中已经对此技术作了故事性的演绎。

通过活用增强现实技术，可以将传统的平面出版物与全新互动的多媒体时代相融合。增强现实图书是通过书籍页面的识别码、射频识别或内容特征等手段进行识别，然后在显示器中呈现出具有多媒体特点的三维立体的动态图形图像，从而给读者带来视觉、听觉，甚至触觉、嗅觉的全方位体验。假如读者面对的不再是枯燥的文字与图片，一个个逼真、生动的三维立体形象，在光影、音效的衬托下活灵活现地展示在眼前，读者将能够真正体验到交互、虚拟与现实之间自由与融合的乐趣。无疑，具有交互功能的增强现实图书比传统类型的图书能够提供更多的信息，这个需要设计者不断探索和挖掘。

增强现实技术在图书设计领域的应用，即增强现实图书的实验性研究已经广泛开展，并且已经取得了一定的效果，但尚未达到商业化普及程度。有了对增强现实技术的认识，以及对交互理论的研究，在今后的图书设计中，可以充分发挥设计构想。如：儿童类读物、教育类图书、专业类工具书、高档精装图书等都存在广阔的应用空间。增强现实技术与图书的结合，无论是技术设备层面的突破，还是应用形式类型的突破，都是图书发展的无限驱动力。

这种具有交互功能的增强现实图书不仅给人们提供他们所喜爱的、有趣的故事，同时允许他们以某种形式进行体验，以更真实、更有趣的方式与人物进行交流。人们通过使用鼠标，能够真正参与故事活动和与角色相互配合，故事更加栩栩如生。当文字在屏幕上出现的时候，也能听到人物的配音。所有这些功能都帮助给予故事一个额外的维度，并帮助人们穿行于每一个角色的多样体验中。

增强现实图书概念示意图如图 4-1-5 所示，增强现实图书案例如下。

图 4-1-5　增强现实图书概念示意图

1. 案例：D'Fusion 增强现实技术

D'Fusion 增强现实技术带来了前所未有的理念，即通过视频直播系统，将现实图像同虚拟对象相结合。实现这一景象只需要将图书放置在网络摄像机前，页面上方即会显示出奇妙的 3D 动画图像，如图 4-1-6 所示。

图 4-1-6　3D 动画图像

2. 案例：BMW 的 MINI 汽车

由德国 Metaio 公司开发的增强现实型电子杂志，访问 BMW 的网站后，将杂志放在摄像头面前，MINI 车的 CG 广告会跳出来，如图 4-1-7 所示。

3. 案例：自动跳出的电子书（AR 电子书）

由日本某印刷公司开发的结合 AR 电子书（见图 4-1-8），摄像头读取书上的标志图片后，在显示器中显示相应的 3D 动画。

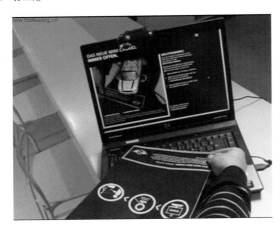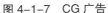

图 4-1-7　CG 广告

图 4-1-8　AR 电子书

4. 案例：魔法书（Wonderbook）

一款采用增强现实技术的图书产品——魔法书（Wonderbook）。该产品是由 Sony 联手 J.K.罗琳联手打造。魔法书如图 4-1-9 所示。

整套产品包含 Wonderbook peripheral，PlayStation@Move motion controller，PlayStation@Eye camera，A Wonderbook game，如图 4-1-10 所示。一本特殊设计的"书"和一款游戏软件，由 J.K.罗琳提供故事剧本。使用产品图像如图 4-1-11 所示。

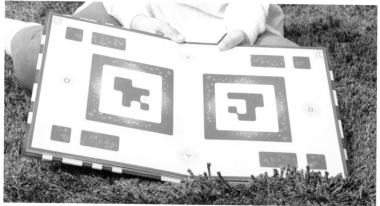

图 4-1-9　魔法书

图 4-1-10　整套产品

图 4-1-11　使用产品图像

第二节

概念图书设计 《《

　　随着信息媒介的发展，图书与数字化、交互、增强现实等技术要素的融合，使得关于书的界限和概念开始模糊，而概念设计恰好就是追求对传统概念提出质疑，并提出解决策略。

　　概念是人对能代表某种事物或发展过程的特点及意义所形成的思维结论。概念设计需要的是对于概念的设想，是创造性思维的体现，也是一种选择。概念图书是一种理想化的精神与物质的结合体。概念设计不是天马行空的任意想象，应该是成序列，有特定目标或问题点，有组织、有策略的设计过程。

　　概念图书设计可以催生新类型的图书形式。概念图书设计是设计者面对全方位、多角度的问题，所提出的独特的解决问题的方式。整个创意的过程可以作用于图书内容的本身，也可以作用于图书载体的类型。下面收集整理了一些优秀的概念图书设计案例（见图 4-2-1），希望借此能够激发设计者无限的创意火花。

　　书籍设计不仅是外观的形象设计，而且是对内容理解的呈现，就是说图书设计是根据书籍的内容赋予其独特的、适当的设计表现形式。如果缺乏深刻的理解或独特的创意构思，那么视觉上一定要设计得充满美的特征，且尽善尽美。设计的时候要充分考虑并吻合潜在读者的特点，但不屈从于读者，如果能够设计出引领读者观念的作品，那么会获得读者特殊的关爱。积极面对新技术的出现，以新技术为基础展开设计，更容易获得创新的设计成果。此外，任何行业做到高端层面的时候，修养就显得格外重要，要多学习相关领域的知识，要多看优秀作品，并认真分析总结。优秀图书设计欣赏如图 4-2-2 所示。

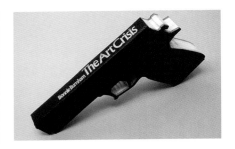

图 4-2-1　概念图书设计欣赏

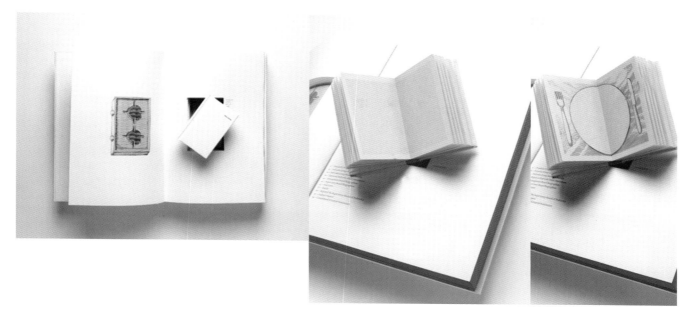

续图 4-2-1

图 4-2-2　优秀图书设计欣赏

续图 4-2-2

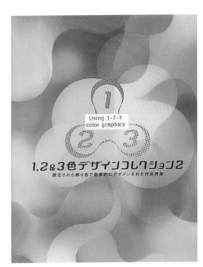

续图 4-2-2

1. 中国大陆获"世界最美的书"奖的书籍

自 2004 年《梅兰芳（藏）戏曲史料图画集》荣获"世界最美的书"金奖至今，我国获得世界最美的书"的书籍如下。

（1）2004 年，金奖（唯一）：《梅兰芳（藏）戏曲史料图画集》。

（2）2005 年，荣誉奖：《土地》、《朱叶青杂说系列》。

（3）2006 年，金奖：《曹雪芹风筝艺术》。

（4）2007 年，铜奖：《不裁》。

（5）2008 年，荣誉奖：《之后》；特别制作奖：《蚁呓》。

（6）2009 年，荣誉奖：《中国记忆——五千年文明瑰宝》。

（7）2010 年，荣誉奖：《诗经》。

（8）2011 年，荣誉奖：《漫游：建筑体验与文学想象》。

（9）2012 年，银奖：《剪纸的故事》；荣誉奖：《文爱艺诗集》。

（10）2014 年，荣誉奖：《2010-2012 中国最美的书》；铜奖：《刘小东在和田 & 新疆新观察》。

2. 《2010-2012 中国最美的书》获 2014 年"世界最美的书"荣誉奖

该书封面以装帧布材与纸材直接裱被，具有实用感和韧性，耐翻并兼具视觉与触觉翻阅的材质变化和情趣。全书整体设计简约大器，具新颖的现代感；装帧方式全书为曲页折，具庄重的仪式感，翻阅时与读者产生互动。全书图版全部由设计师统一规划拍摄，体现了严谨的视觉呈现，图片处理调性雅静、视觉丰满柔和。图版与内容版面统一，折页装订契合准确；纸张运用讲究，双面涂布；细节考虑到位，虽用西方网格设计的语言形式，却创造出中国式的空灵。充满中国式的空灵，恰好地表现了"中国最美的书"的内涵，是高雅、高品位的呈现。《2010-2012 中国最美的书》如图 4-2-3 所示。

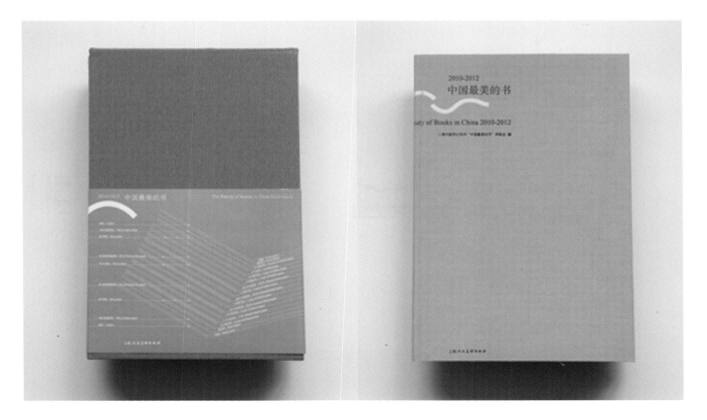

图 4-2-3 《2010-2012 中国最美的书》

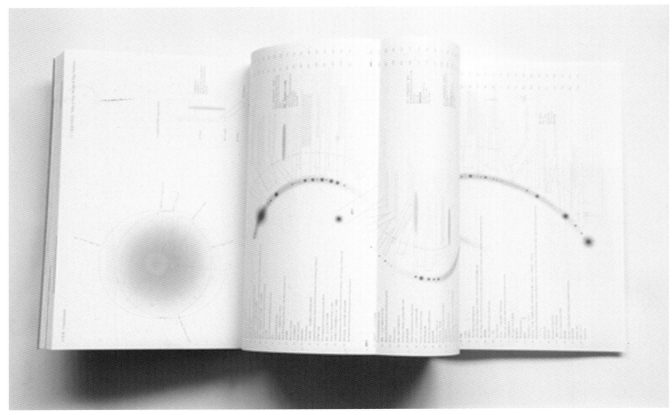

续图 4-2-3

3. 《刘小东在和田 & 新疆新观察》获 2014 年"世界最美的书"铜奖

该书是以一种笔记本的形式记载油画家的创作经历，设计没有拘泥于正规的翻阅方式，随意且富有现场感。精心选择不同的纸张和印刷手段，准确表现内容结构的丰富性。编辑设计概念明晰，使繁复的体例结构严谨、层次清晰，布局合理，尤其对每一个细节的处理都不轻易放弃，阅读不觉得累赘。全书有一种结构之美和阅读的舒适度。章隔页用油画布丝网印独具匠心，封面用材及周边打毛，有着强烈的触感，体现出随意放在包中的笔记本不断使用的时间概念。全书表面的随意性并未掩盖内部书籍设计的精致用心。《刘小东在和田 & 新疆新观察》如图 4-2-4 所示。

图 4-2-4 《刘小东在和田 & 新疆新观察》

续图 4-2-4

4. 《文爱艺诗集 2011》获 2012 年"世界最美的书"荣誉奖

该书整体设计简洁而有个性，字体、颜色之间动静对比强烈，富有视觉冲击力。护封下部文字从封面延续至封底，体现了流动的美。《文爱艺诗集 2011》如图 4-2-5 所示。

图 4-2-5　《文爱艺诗集 2011》

续图 4-2-5

5. 《不裁》获 2007 年 "世界最美的书" 铜奖

该书封面似旧羊皮的质感和底色，两根红细线从书中穿过，贯通封面和封底，传达了天然的意趣。内封上纸做的刀以色彩和切刻来区分，又点了主题，令人想到设计家的思路活跃和创意独特。文字排的满当而不显局促，每一篇的处理又有节奏地插入仿石印感觉的图案和直排的繁体字，一方面成为全书文字的隔断，增加了节奏感，另一方面又统一了 "不裁" 这一天然去雕琢的风格。装订上采用中国古书的折法以及留毛边的处理，更结合书中的图案、文字、用材和装订，成为设计统一体。《不裁》如图 4-2-6 所示。

图 4-2-6 《不裁》

续图 4-2-6

6. 《曹雪芹风筝艺术》获得 2006 年度"世界最美的书"称号

　　该书表现形式，具体而微地呈现出中国书籍"新学院派"的设计理念，大量留白空间的运用，与精练的文字配布，都充分地反映出水墨意象的高度与深度，是中国文化特质的现代表现语言形式。版面空间结构严谨，配布清新大度，简约而洗练的布陈文本内容，提供阅读者充分的个人空间，是一本令人愉悦的图书。《曹雪芹风筝艺术》如图 4-2-7 所示。

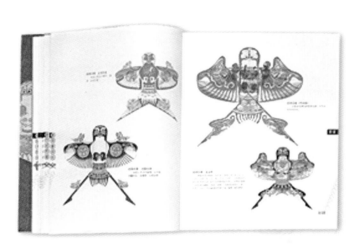

图 4-2-7　《曹雪芹风筝艺术》

7. 《剪纸的故事》获 2012 年"世界最美的书"银奖

该书多彩、有趣、活泼、友善，与主题结合紧密，选用的纸质十分考究，具有很高的艺术性。《剪纸的故事》如图 4-2-8 所示。

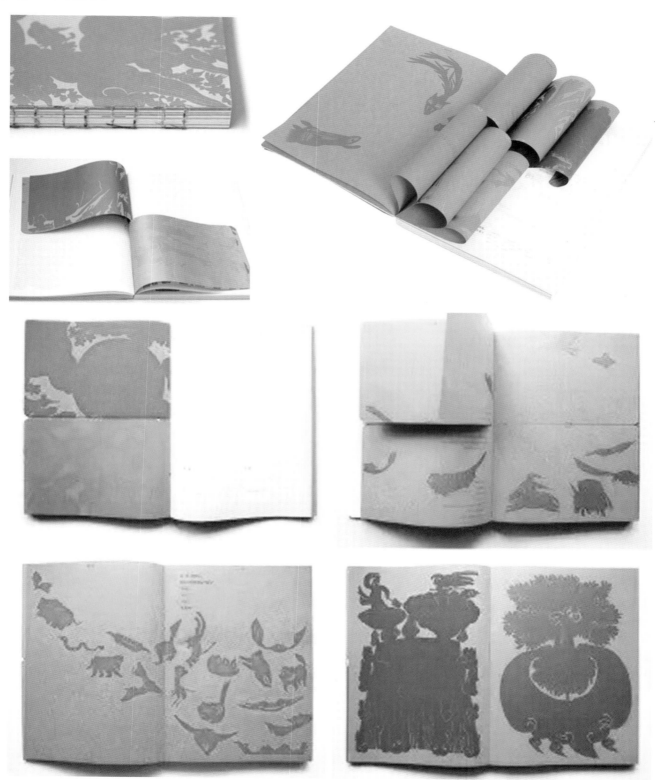

图 4-2-8 《剪纸的故事》

8. 《漫游——建筑体验与文学想象（中英双语版）》获 2011 年"世界最美的书"荣誉奖

该书有别于一般的文学类书籍，是一本欣赏建筑的文学作品。为了表达作者叙述建筑时的内心感受，设计师做了很多特殊处理，运用大量纸张材料和印刷技巧。书籍采用中国古代线状形式，简洁明快，同时富有时代感；纸质柔软，层次感很强；内文排版新颖，建筑照片与草图交相辉映，表达了建筑设计严肃、精准的特点，也体现了空间感。阅读本书仿佛在经历一次探险。《漫游——建筑体验与文学想象（中英双语版）》如图 4-2-9 所示。

图 4-2-9 《漫游——建筑体验与文学想象（中英双语版）》

9.　《梅兰芳（藏）戏曲史料图画集》获 2004 年度"世界最美的书"金奖

　　该书的图谱为梅兰芳纪念馆现存的全部"缀玉轩"珍藏戏画、脸谱原作复制而成。为四眼线装，上下两册，函盒装。无论内容还是形式，都是一套令人爱不释手的书。全书整体工细流利，墨彩相映，蕴静委婉，古简典雅。函盒为玄色丝织压印戏曲人物脸谱，上下朱印方章点缀，函背为中国红，书皮采用米色略带光泽的纸，上印戏曲人物图，一派雅淡简逸之气。版式编排具中国典籍神韵，图文外绕线框，纸质润和，主辅皆和。本书内容，设计与工艺极为精湛，如同一个紧紧相连的整体。《梅兰芳（藏）戏曲史料图画集》如图 4-2-10 所示。

图 4-2-10　《梅兰芳(藏)戏曲史料图画集》

10. 《诗经》获 2010 年"世界最美的书"荣誉奖

这是以古今对照的形式编排的 305 首《诗经》，除了原诗以外，加入了经译、注释、韵读等内容。在版面的合理规划及安排下表现出现代感的相貌。用色简介、字体及字号的选择功能性地区分出不同的内容，使古籍浸染了现代清爽的阅读风尚。不同纸材的运用，使风、雅、颂的区隔合理，极大地拓展了诗的想象空间。《诗经》如图4-2-11 所示。

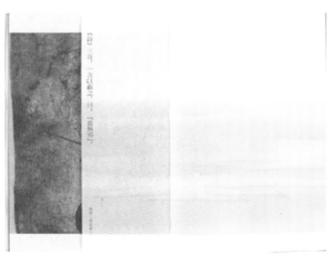

图 4-2-11 《诗经》

11. 《土地》获得 2005 年度"世界最美的书"称号

设计者并没受围于固有的设计模式，以中文观众的留言卡和英文书名的组合作为封面，体现出一位外籍艺术家与中国观众之间进行两种文化、两种语言的撞击交流和互动了解的巧妙动机。全书无意去做任何设计修饰，而是直击展场与无数观众的感想交织。设计者富有创造性的设计语言给读者带来独特的阅读意境。《土地》如图 4-2-12 所示。

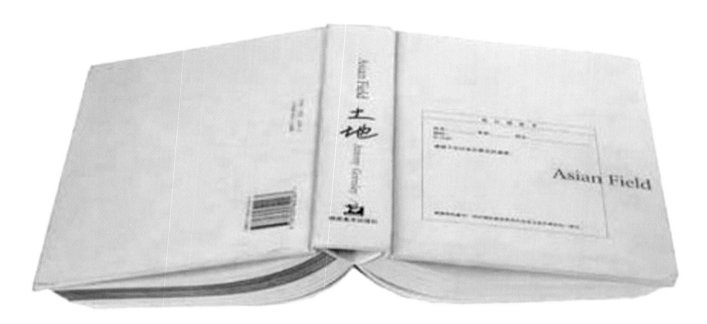

 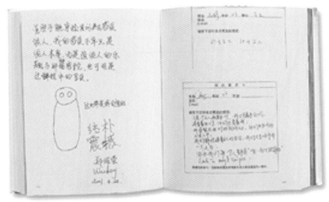

图 4-2-12 《土地》

12. 《蚁呓》被联合国教科文组织的德国委员会和德国图书艺术基金会授予"最美的书特别奖"

这是一本由设计者自编自导自演的、贯入书籍整体设计理念的书，以蚂蚁为第一人称的角色拟人化地表达了对生命的感悟。设计者充分运用书籍设计语言，以视觉对比的手法，突出蚂蚁的细小点在纸张上的游走、停顿、聚焦、消散，产生出一个个生动的故事，催人动情，令人深思。书中大量的空白以及惜墨如金的图文运用，使读者有很大的联想余地。作者主导型地投入到书籍的全程编排中，十分难能可贵。《蚁呓》是一本值得一读的书，如图 4-2-13 所示。

图 4-2-13 《蚁呓》

13. 《之后》获 2008 年"世界最美的书"荣誉奖

这是一本具有丰富表情的书，文字语言、图像语言、纸张语言、工艺语言集于一身。设计者较好地运用了纸面载体承载信息的各种手段，使书呈现出多元化的阅读感受。这本书可以对书籍信息编辑设计者有所启示、虽然不是所有的书都能有高成本的投入，但对书籍细节的严格要求，是不应该被忽视的。《之后》如图 4-2-14 所示。

图 4-2-14 《之后》

14. 《中国记忆——五千年文明瑰宝》获 2009 年"世界最美的书"荣誉奖

虽然该书是一本特展图录，但整体装帧的概念元素取材自中国传统文化中虚实空间对立的概念。由外至内，从书匣的外封到图录的封面，在视觉质感上层层体现出阳刚与阴柔的变幻。尤其是采用柔软纸材加上类似中式装订的形式，其中国符号在细节上的运用，改变了传统图录的特征和质感，因而增强了阅读的层次感。《中国记忆——五千年文明瑰宝》如图 4-2-15 所示。

图 4-2-15 《中国记忆——五千年文明瑰宝》

续图 4-2-15

15.　《朱叶青杂说》获得 2005 年度"世界最美的书"称号

　　设计者对全套书有一个整体设计的理念，通过汇集多层关系的书籍造型、构成思路、纸张语言、装订方式及交错渗透的文字、图像与余白的相互对峙或衬托，出其不意地展示一种富有时代精神的新型书籍形态，体现设计者追求一种东方与西方相互融合的阅读审美意识和探索精神、难能可贵。《朱叶青杂说》如图 4-2-16 所示。

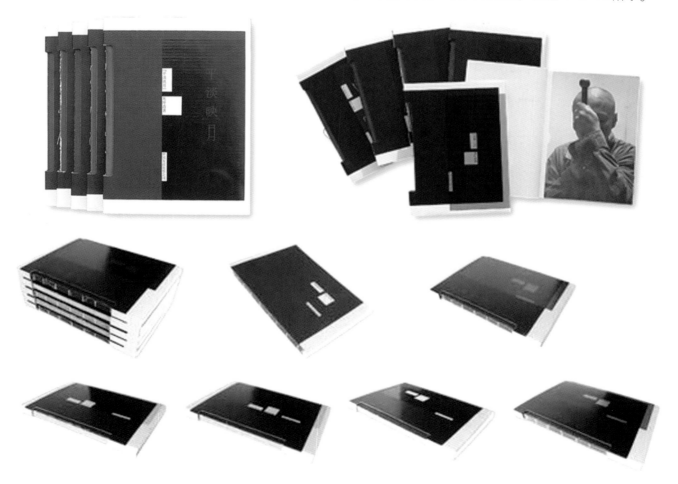

图 4-2-16　《朱叶青杂说》

CANKAO WENXIAN

［1］（英）加文·安布罗斯,保罗·哈里斯.文字设计基础教程[M].封帆,译.北京:中国青年出版社,2008.

［2］（英）安德鲁·哈斯拉姆.书籍设计[M].钟晓楠,译.北京:中国青年出版社,2007.

［3］（日）佐佐木刚士.版式设计原理[M].武湛,译.北京:中国青年出版社,2007.

［4］吕敬人.敬人书籍设计[M].长春:吉林美术出版社,2008.

［5］（日）杉浦康平.亚洲的书籍、文字与设计[M].杨晶,李建华,译.北京:生活·读书·新知三联书店,2006.

［6］（英）巴斯卡拉安.什么是出版设计[M].初枢昊,译.北京:中国青年出版社,2008.

［7］（法）弗雷德里克·巴比耶.书籍的历史［M].刘阳,译.桂林:广西师范大学出版社,2005.

［8］韩琦,（意）米盖拉.中国和欧洲——印刷术与书籍史[M].北京:商务印书馆,2008.